● 《有机水果高效生产技术手册》系列丛书

● 新型职业农民培训教材

# 有机石榴 高效生产技术手册

◎ 农业标准网　组织编写

侯乐峰　主编

中国农业科学技术出版社

图书在版编目（CIP）数据

有机石榴高效生产技术手册 / 侯乐峰主编 . —北京：
中国农业科学技术出版社，2018.9
ISBN 978-7-5116-3890-8

Ⅰ . ①有… Ⅱ . ①侯… Ⅲ . ①石榴—果树园艺—无污
染技术—技术手册 Ⅳ . ① S665.4-62

中国版本图书馆 CIP 数据核字（2018）第 213558 号

责任编辑　李　雪
责任校对　马广洋

出 版 者　中国农业科学技术出版社
　　　　　北京市中关村南大街 12 号　邮编：100081
电　　话　（010）82109707（出版中心）（010）82109702（营销中心）
　　　　　（010）82109709（读者服务部）
传　　真　（010）82109707
网　　址　http://www.castp.cn
发　　行　全国各地新华书店
印 刷 者　北京建宏印刷有限公司
开　　本　880 mm × 1 230 mm　1 /32
印　　张　4.875
字　　数　132 千字
版　　次　2018 年 9 月第 1 版　2019 年 6 月第 2 次印刷
定　　价　32.00 元

# 《有机石榴高效生产技术手册》
# 编写人员

**主　　编：** 侯乐峰

**副 主 编：** 罗　华

**参编人员：**（按姓氏笔画排序）

| | | | |
|---|---|---|---|
| 史树仁 | 刘加云 | 朱国强 | 朱永雪 |
| 李贵利 | 陈　娟 | 杨卫山 | 罗　华 |
| 赵　凯 | 郑　磊 | 侯乐峰 | 郝兆祥 |
| 郭　祁 | 曹尚银 | | |

# 前　言

为了推进水果有机化进程，提高农产品质量安全水平，能让更多的人全面认识有机水果，掌握有机水果种植技术，中国农业标准信息研究中心组织专家力量，编制了《有机水果种植技术》系列丛书，丛书对有机水果概念、种类、环境选择、种植栽培、管理方法、病虫害防治、肥料选择、采收与加工等方面进行了详细的介绍，旨在帮助广大果农，有机果品生产企业、种植大户、专业合作社、果品质量安全管理与推广人员、水果经营管理人员以及水果生产和有机农业爱好者等了解有机种植方面知识，增强生产者、经营者、管理者和消费者对有机食品的认识，使农产品标准化生产技术落到实处。

有机水果是遵照一定的有机农业生产标准，在种植和生产中不采用基因工程获得的生物及其产物，不使用化学合成的农药、化肥、生长调节剂、饲料添加剂等物质，遵循自然规律和生态学原理进行种植生产并通过独立的有机食品认证机构认证的水果。

有机水果在可能的范围内，尽量依靠轮作、作物秸秆、家畜粪尿、绿肥、外来的有机废弃物、机械中耕、含有无机养分的矿石及生物防治等方法，保持土壤的肥力和易耕性，供给植物养分，防治病、虫、杂草危害。

我国有机水果的生产尚处起步阶段，但有机水果的生产研究和开发已经引起广泛重视。有机水果在我国局部地区也已初具规模，随着我国农业生态环境的逐步改善和有机食品行动计划的进一步实施，势必会加速我国水果生产向有机化栽培模式的推进。

随着我国人民生活水平的提高和环境意识的增强，国家对食品行业的规范，有机食品市场越来越受到广大消费者的青睐，未来有机水果的大众需求会进一步扩大。加上我国地域辽阔，劳动力资源非常丰富，传统的果树栽培技术基础好，通过对病虫防治观念的转变，尤其是在资源与生态环境具有独特的优势区域里，加快建设与转化生产的步伐，建设出一批具有特色的有机水果生产基地，是我国果业可持续发展的战略。作为一项劳动密集性的产业，预计未来，我国的有机水果生产必然会有一个大的飞跃，这同时也是中国的水果产业目前进行产业升级、克服绿色贸易壁垒、大规模进军国际高端水果市场的机遇。

《有机水果种植技术》系列丛书由来自农业生产、科研一线的专家、学者和科技管理人员共同编制，丛书详细介绍了从农田到餐桌，怎样按有机农业生产标准体系生产的过程，书中还辅以适量的图片，内容通俗易懂、实用、易操作，既能满足广大种植企业和科技人员的需求，也有助于家庭农场、现代职业农民、种植大户解决生产实际问题。

由于编写时间仓促，书中难免有疏漏和错误之处，敬请广大读者批评指正。

# 目 录 Contents

# 有机石榴概述

## 一、有机石榴的概念、生产现状

### （一）有机石榴概念

有机石榴，就是用有机生产技术标准生产的石榴。即在石榴生产、采收、包装、贮藏、运输过程中，不使用化学合成的肥料、农药、激素、抗生素等。

实现石榴的有机生产，可以向消费者提供无污染、风味好、安全的石榴鲜果及其加工品，有利于人民群众身体健康，有利于保护和恢复土壤、水体、大气等环境，有利于增加农村就业和农民收入，有利于提高石榴鲜果及其加工品在国内外市场上的竞争力。

### （二）有机石榴生产现状

从严格意义上讲，我国有机石榴生产刚刚起步，但研究、开发等工作已经引起有关方面的高度重视。

有观点认为，我国石榴生产长期依靠大量的化肥、农药，加之有机石榴生产技术研究、推广力度不够，在这种情况下，难以向有机种植转变。其实，有机石榴生产，并不是一种高科技、新的栽培体系，而是最古老、简单、传统的栽培模式。向有机石榴生产转型必须具备以下条件：一是熟悉政府关于有机农业（食品）的法规及政策；二是决心实行真正的有机生产，从石榴园向有机转型开始之日起，采用的任何生产措施，都离不开有机目标，如在病虫、杂草发生时，坚决不使用有机生产不许可使用的资材；三是有机榴园经营规模要适当，要确保相邻果园喷药时不污染有机榴园。有机械作业道、除草作业容易的果园可选作有机生产园。已实行2~3年IPM（综合防治病虫害，少量使用农药）或绿色果品生产的果园，天敌增加，选作向有机转型的榴园最为合适；四是选择抗病虫、抗裂果等品种供有机生产；五是具有较高的石榴栽培技术、较好的经营管理水平及较强的资金周转能力；六是有自己的选果包装场地，避免有机石榴鲜果和普通石榴鲜果混杂。

初步研究表明，将我国现有的无公害、绿色石榴（包括其他水果）栽培技术进行嫁接、改造、整合，形成一套完整的石榴有机栽培技术体系并推而广之，是完全可行的。

首先，目前我国石榴鲜果市场需求巨大。新中国成立以来，特别是改革开放以来，我国石榴面积、产量迅速增长，但与其他水果相比仍然很慢。目前，全国石榴鲜果总产量不足所有水果总产量的0.1%，有机石榴鲜果更是市场难觅，甚至"一果难求"。因此，在今后相当长的时期内，石榴鲜果特别是有机石榴鲜果仍属于高档稀有名贵水果。

其次，有机石榴生产属于劳动密集型产业，我国劳动力资源比较丰富。国内绝大多数榴园建立在浅山、丘陵地区，榴园机械化程度比较低，但适宜建立劳动密集型的"精致榴园"，可以充分发挥劳动力资源优势。

最后，我国石榴产区众多，建立有机榴园的理想地点选择余地大。通过科学选址、隔离种植、水源分开使用、转变病虫害防治思路等，特别是在资源、生态环境独具优势的区域，有计划地加快建设和转化步伐，建设一批独具特色的有机石榴生产基地，应是今后我国石榴产业健康、可持续发展的战略选择。

目前，虽然我国还没有制定有机石榴生产标准，但先后制定了农业行业标准《无公害食品 石榴（NY 5242—2004）》、林业行业标准《石榴质量等级（LY/T 2135—2013）》。有关石榴产区的省级主管部门先后制定了无公害或绿色石榴生产技术规程，如：河北省的《无公害果品石榴生产技术规程（DB13/T 648—2005）》、安徽省的《绿色食品（A）级石榴生产技术规程（DB34/T 1129—2010）》；有关石榴产区的市级主管部门也先后制定了标准化或绿色、有机石榴生产、贮藏保鲜等技术规程；有关石榴产区的省（自治区）、市（州）、县（市、区）亦制定了石榴标准化或绿色、有机石榴生产、贮藏保鲜等地方技术规程或标准，对推动当地石榴标准化或绿色、有机生产发展、提高石榴商品质量起到了有力的推动作用。这些规程或标准必将促进我国有机石榴生产技术标准的制定与实施。

## 二、我国石榴的栽培与分布

石榴在我国的地理分布非常广泛，遍布大半个中国，跨越了热带、亚热带、温带3个气候带和暖温带大陆性荒漠气候、暖温带大陆性气候、暖温带季风气候、亚热带季风气候、亚热带季风湿润气候5个气候类型。其中，秦岭、淮河以北石榴产区可统称为北方产区，云、贵、川等石榴产区可统称为南方产区（以下简称北方石榴

产区、南方石榴产区）。

截至目前，我国石榴栽培规模约 12 万公顷，年产量约 120 万吨。历史悠久、产量较高的著名产区有新疆、陕西、河南、山东、安徽、四川、云南等省（自治区），栽培面积占 88% 左右，产量占 90% 以上。其中，新疆和田的皮山、和田、策勒，喀什叶城；陕西西安临潼、咸阳礼泉；河南荥阳；山东枣庄峰城、薛城、市中、山亭；安徽蚌埠怀远，淮北烈山；四川凉山会理、西昌，攀枝花仁和；云南红河蒙自、建水，大理宾川，楚雄禄丰、元谋，昭通巧家、曲靖会泽等是我国石榴栽培的主产区。

# 三、有机石榴的营养与功能成分

有机石榴果实营养丰富，籽粒中含有丰富的糖类、有机酸、蛋白质、脂肪、矿物质、维生素等多种人体所需的营养成分。据分析，石榴果实中含碳水化合物 17%，水分 70%~79%；石榴籽粒出汁率一般为 87%~91%，果汁中可溶性固形物 15%~19%，含糖量 10.11%~12.49%；果实中含有苹果酸和枸橼酸，含量因品种而不同，一般品种为 0.16%~0.40%，而酸石榴品种为 2.14%~5.30%；每 100 g 鲜汁含 VC11~24.7 mg 以上，比苹果高 1~2 倍；磷 8.9~10 mg，钾 216~249.1 mg，镁 6.5~6.76 mg，钙 11~13 mg，铁 0.4~1.6 mg；单宁 59.8%~73.4%，脂肪 0.6~1.6 mg，蛋白质 0.6~1.5 mg，还含有人体所必需的天门冬氨酸等 17 种氨基酸（表 1-1），古兰经、圣经、摩西五经、犹太法典等都提到石榴，誉其为"天堂圣果""上帝的食物"。

#### 表1-1 石榴中氨基酸成分及含量表

| 氨基酸类别 | 含量（mg/hg） | | 氨基酸类别 | 含量（mg/hg） | |
| --- | --- | --- | --- | --- | --- |
| | 甜石榴 | 酸石榴 | | 甜石榴 | 酸石榴 |
| 天门冬氨酸 | 21.16 | 14.3 | 亮氨酸 | 8.79 | 6.2 |
| 苏氨酸 | 5.76 | 3.9 | 酪氨酸 | 2.35 | 1.3 |
| 丝氨酸 | 13.5 | 8.6 | 苯氨酸 | 5.14 | 11.7 |
| 谷氨酸 | 7.57 | 35.1 | 赖氨酸 | 9.04 | 6.7 |
| 甘氨酸 | 11.89 | 7.7 | 组氨酸 | 5.73 | 4.0 |
| 丙氨酸 | 9.53 | 7.0 | 精氨酸 | 6.91 | 7.0 |
| 缬氨酸 | 8.2 | 5.8 | 胱氨酸 | 痕量 | — |
| 蛋氨酸 | 3.96 | 2.3 | 脯氨酸 | — | 2.3 |
| 异亮氨酸 | 5.65 | 4.10 | — | — | — |

除此之外，石榴中功能成分种类繁多，含量丰富，分布广泛。目前在石榴中已发现的功能成分有60多种，可划分为7大类，即酚类、类黄酮、生物碱、维生素、三萜类、甾醇类及不饱和脂肪酸，具有抗氧化、抗癌、抗菌、抗感染、抗糖尿病、预防心血管疾病等诸多治疗功效，国内外业界公认石榴为"功能性水果""超级水果"，被誉为"21世纪的天然药物"（表1-2至表1-5）。

#### 表1-2 石榴功能成分

| 类型 | 化合物名称 |
| --- | --- |
| 酚酸 | 没食子酸、鞣花酸、二甲氧基鞣花酸、三甲氧基鞣花酸、咖啡酸、绿原酸、香豆酸、金鸡纳酸、短叶苏木酚酸乙酯、石榴酸 |
| 鞣花单宁 | 石榴皮鞣素、安石榴苷、柯里拉京、木麻黄鞣宁、长梗马兜铃素、特里马素、石榴皮亭A、石榴皮亭B、石榴叶鞣质、石榴考特因A、石榴考特因B、石榴考特因C、石榴考特因D、石榴皮葡萄糖酸鞣质 |
| 黄酮 | 毛地黄黄酮、芹菜黄酮、毛地黄酮苷、芹菜酮苷、3,7,8,4′-四羟基-3′-桃金娘-8-烯基黄酮 |
| 黄酮醇 | 槲皮素、芦丁 |
| 黄烷酮 | 黄烷、儿茶酚、表儿茶酚、表儿茶酚三聚体 |

（续表）

| 类型 | 化合物名称 |
|---|---|
| 花青素 | 飞燕草素、矢车菊素、天竺葵素、矢车菊苷、矢车菊二苷、飞燕草苷、飞燕草二苷、天竺葵苷、天竺葵二苷 |
| 不饱和脂肪酸 | 石榴酸、亚油酸、油酸 |
| 维生素 | VB1、VB2、VC、VE |
| 生物碱 | 石榴碱、甲基石榴碱、伪石榴碱、去甲基伪石榴碱 |
| 甾醇 | 雌激素酮、睾丸激素、雌二醇、雌三醇、胡萝卜甾醇 |
| 三萜 | 熊果酸、齐墩果酸、山楂酸、积雪草酸 |

## 表1-3 石榴不同部位化学成分

| 药用部位 | 主要化学成分 |
|---|---|
| 石榴花 | 含鞣花酸、三甲氧基鞣花酸、短叶苏木酚酸乙酯、石榴酸、安石榴苷、石榴考特因、石榴皮葡萄糖酸鞣质、3'- 桃金娘 -8- 烯基黄铜、天竺葵甘、天竺葵二甘、胡萝卜甾醇、齐墩果酸、熊果酸、山楂酸、积雪草酸等 |
| 石榴皮 | 含鞣质单定 10.4%~21.3%、蜡 0.8%、树脂 4.5%、甘露醇 1.8%、糖 2.7%、树胶 3.2%、菊糖 1.0%、黏质 0.6%、没食子酸 4.0%、苹果酸、果胶、草酸钙、异槲皮甙和石榴皮碱，还含有异石榴皮碱及 N- 甲基异石榴皮碱等 |
| 石榴子 | 含鞣花酸、二甲氧基鞣花酸、三甲基鞣花酸、石榴皮鞣素、安石榴苷、石榴酸、亚油酸、油酸、雌激素酮、睾丸激素、雌二醇、雌三醇等 |
| 石榴叶 | 含没食子酸、鞣花酸、石榴皮鞣素、安石榴苷、柯里拉京、石榴叶鞣质、芹菜黄酮、芹菜酮苷、儿茶酚等 |

## 表1-4 石榴药理作用、主要部位及作用机理

| 药理作用 | 主要部位 | 作用机理 |
|---|---|---|
| 抗氧化、清除自由基、抗衰老 | 石榴皮乙醇提取物、石榴籽油、石榴汁等 | 抑制氧化酶活性、提高 SOD 等抗氧化酶的活性等 |
| 抗菌 | 石榴皮粗粉、石榴皮乙醇提取物等 | 抑制菌体己糖磷酸途径、阻碍菌体细胞大分子量蛋白的合成过程、破坏菌体表面及内部结构、溶解细胞壁而出现质壁分离现象、导致细胞固缩、最终因菌体生长繁殖受到抑制而凋亡等 |

（续表）

| 药理作用 | 主要部位 | 作用机理 |
|---|---|---|
| 抗病毒 | 石榴皮水提取液等 | 阻止病毒 RNA 的复制 |
| 抗寄生虫 | 未成熟石榴皮的甲醇提取物等 | 石榴单宁类成分在肠道内代谢为无抗疟疾原虫活性的尿石素类成分 |
| 抗肿瘤 | 石榴新鲜汁、发酵汁、石榴籽油、石榴发酵液多酚提取物、石榴水提物等 | 抑制肿瘤细胞增殖分化、诱发细胞凋亡等 |
| 抗糖尿病 | 石榴汁、石榴皮提取物、石榴花甲醇提取物、石榴籽油等 | 促进胰岛 β 细胞生长和胰岛素分泌、促进肝内糖原合成、提高胰岛素受体敏感性、抑制 α - 葡萄糖苷酶和醛糖还原酶活性等 |

表 1-5　石榴常用保健应用分析

| 保健功能 | 频次 | 保健功能 | 频次 |
|---|---|---|---|
| 降压降脂 | 15 | 安神助眠 | 6 |
| 降糖 | 14 | 排毒养颜 | 24 |
| 提高免疫力 | 14 | 健脾益胃 | 11 |
| 消除疲劳 | 3 | 改善微循环 | 3 |
| 抗氧化 | 14 | 预防心血管疾病 | 11 |
| 延缓衰老 | 12 | 活血止痛 | 4 |
| 益气养血 | 7 | 泻下 | 5 |

# 四、有机石榴的栽培品种

据《中国果树志·石榴卷》记载，截至 2013 年，我国石榴品种有 288 个。从用途上可分为食用、观赏、药用、食赏兼用 4 种类型。食用石榴，果大籽多，栽培的大多属于这一类。观赏石榴，或花朵艳丽，或果实玲珑，在城市公园，居民庭院中多有栽植，其中玛瑙石榴、月季石榴等最适合盆栽和观赏。墨石榴、各种酸石榴均可治病，当属药用石榴。三白石榴，花朵洁白，果皮无暇，籽粒晶莹，品质极佳，具有很高的食用和观赏价值。观其果则有青、白、粉、红、紫、褐、黄七色。赏其花，又有红、粉、黄、白、玛瑙五色，且有单、复瓣之分。品其籽，有甜、酸、甜酸三味。甜石榴，果实成熟时，籽粒甘甜，其中，冰糖冻在我国众多石榴品种中甜度最高，为石榴佳品；甜酸类石榴，也称半口石榴，果实成熟时，籽粒酸甜可口，食之健脾开胃。食其粒，有软、硬之别。其中，软仁石榴品质最佳，备受人民的喜爱，是最有发展前途的石榴品种。按成熟期划分，早、中、晚俱全。早熟品种，8月中旬即可采摘，上市早，经济效益高；中熟品种，9月中旬成熟；晚熟品种，则要等到10月下旬才能成熟，但这类石榴耐贮藏，适于长途运输，可延长石榴鲜果供应时间。现将我国南北石榴产区主栽品种，以及新选育的优良品种（品系）分述如下。

## （一）鲜食品种

### 1. 叶城大籽甜

新疆维吾尔自治区喀什地区叶城县地方传统优良主栽品种。果实圆形，中、大型果，单果质量275 g左右，大果质量600 g以上；果皮红色；萼筒长，直立，嘴长3.5 cm；籽粒大，淡红色，风味甜，品质上。叶城县9月中旬成熟。适宜在年降水量400 mm以下的我国传统石榴产区栽培（图1-1）。

图1-1　叶城大籽甜

### 2. 临潼净皮甜

陕西省西安市临潼区地方传统优良主栽品种。又称临潼净皮石榴、粉皮甜、粉红石榴。树势强健，耐瘠薄、干旱，较抗寒；果实圆球形，中、大型果，单果质量250~350 g，大果质量1 100 g以上；果皮薄，果面光洁、美观，故名净皮甜，底色黄白，果皮粉红至红色；百粒质量40g，籽粒粉红色，充分成熟后深红色，可溶性固形物15~16%；临潼区9月中、下旬成熟；但果实近熟或成熟时遇雨易裂果。适宜在年降水量400 mm以下的我国传统石榴产区栽培（图1-2）。

图1-2 临潼净皮甜

### 3. 临潼三白甜

陕西省西安市临潼区地方传统优良主栽品种。该品种因其花器、果实、籽粒均为白色，故名三白石榴。又称白皮甜、白净皮、冰

图1-3 临潼三白甜

糖石榴等。该品种树势健壮，树冠较大，较抗旱、耐寒，适应性较强；果实圆球形，中、大型果，单果质量250~360 g，大果质量660 g以上；萼片直立至闭合，果皮较薄，充分成熟后黄白色；籽粒较大，百粒质量48 g，味浓且纯甜，可溶性固形物15%~16%；种仁较软，品质上。临潼区4月初萌芽，5月上旬至6月下旬开花，9月下旬果实成熟。果实成熟期遇雨易裂果。适宜在我国北方传统石榴产区栽培（图1-3）。

### 4. 水晶江石榴

山西省运城市临猗县地方传统优良主栽品种。树体高大，树势强健，枝条直立，分枝力强；果实扁圆形，大型果，单果质量380 g左右，大果质量600~850 g以上，萼片闭合，萼筒长约3.5 cm，果皮鲜红色，果面光洁亮丽；籽粒大、红色，内有放射状白线，味甜微酸，汁液多，可溶性固形物17%，食之爽口，品质极上。临猗县9月中、下旬成熟，耐贮运，可贮至翌年2—3月。抗旱，适应性强。但果实近熟或成熟时遇雨易裂果。适宜在年降水量400 mm以下的我国传统石榴产区栽培（图1-4）。

图1-4　水晶江石榴

### 5. 冬艳

河南农业大学陈延惠等选育的极晚熟优良石榴品种，2011年12月通过河南省林木品种审定委员会审定。树姿半开张，成枝力中等。中型果，单果质量360 g左右，大果质量760 g以上。果皮底色黄白，成熟时70~95%的果面着鲜红至玫瑰红色晕，光照条件好时全果着鲜红色，有光泽。萼筒较短，萼片半开张至开张。籽粒鲜红色，大而晶莹，极易剥离，百粒质量52.4 g，风味酸甜，种仁半软，可溶性固形物16%，果实耐贮运，裂果极轻。郑州地区3月下旬萌芽，5月底至6月底开花，9月底枝条停止生长，10月上旬果实开始着色，10月下旬果实成熟。适宜我国北方传统石榴产区栽培（图1-5）。

图1-5 冬艳

### 6. 太行红

河北省石家庄市元氏县林业局赵春玲选育的早熟优良石榴品种，2004年通过河北省林木品种审定委员会审定，为当地优良主栽品种。树势健壮，成枝力强。果实扁圆形，中、大型果，单果

图1-6 太行红

质量425 g，大果质量1 000 g以上。萼筒较粗，萼片闭合至半开张，果实大小均匀，风味酸甜，果面光洁，底色乳黄，阳面着鲜红色，山坡地栽植或光照充足可全红。可溶性固形物13.8%，百粒质量39.5 g，籽粒粉红色，果皮稍厚。元氏县9月上旬成熟。成熟时遇雨易裂果。适于在河北省中南部山区阳坡，或有自然、人工防风屏障或水域周围栽培，亦可在年降水量400 mm以下的我国传统石榴产区栽培。其早实性状优良，商品外观性状极好，除鲜食外，还是一个很好的观赏石榴品种（图1-6）。

图1-7 秋艳

### 7. 秋艳

山东省枣庄市石榴研究中心、山东省林业科学研究院侯乐峰、孙蕾等选育的大粒、高抗裂果、高出汁率、晚熟优良石榴品种，2013年12月通过山东省林木品种审定委员会审定，2016 年 4 月通过国家林木品种审定委员会审定，为国内第一个、也是目前唯一一个国审石榴良种。中、大型果，果面光洁，底色为黄色，表面着鲜嫩红色，单果质量 425 g，大果质量 725 g 以上。籽粒粉红色，透明，浓甜微酸，百粒质量 80 g 以上，可溶性固形物 16.4%，鲜果出汁率高达 50%。高抗裂果，常规管理条件下，平均裂果率不到 4%。4~6℃贮藏条件下，可贮藏到翌年 3 月。枣庄地区 10 月下旬成熟。经广泛的引种试验，适栽范围较广，可在长江中下游以北广大的传统、非传统石榴产区栽培（图 1-7）。

### 8. 淮北青皮软籽

安徽省淮北市烈山区地方传统优良主栽品种。树体高大，树姿半开张。果实扁圆形，中型果，萼筒短，萼片闭合至半开张，单果质量 330 g，大果质量 1 180 g 以上，果实表面青绿色，向阳面稍着红色。籽粒鲜红或粉红色、透明，甜味浓，汁多，种仁半软，百粒质量 44 g，可溶性固形物 16%，淮北地区 10 月下旬成熟，果实耐贮运。适宜我国北方传统石榴产区栽培（图 1-8）。

**图 1-8 淮北青皮软籽**

### 9. 怀远玉石籽

安徽省蚌埠市怀远县地方传统优良主栽品种，又名绿水晶。果实有明显棱突，圆球形，中型果，阳面红色、有斑点，单果质量300 g。籽粒大，百粒质量60 g以上，可溶性固形物16.5%，总糖13.26%，有机酸0.34%，种仁半软，汁液多，味甘甜。怀远县9月上、中旬成熟。适宜我国北方传统石榴产区栽培（图1-9）。

图1-9　怀远玉石籽

### 10. 怀远玛瑙籽

安徽省蚌埠市怀远县地方传统名贵主栽品种。树姿比较开张，树势比较强健。果实圆球形，有明显五棱，中、大型果。果皮底色青绿，向阳面着红晕。单果质量340 g左右，大果质量760 g以上。籽粒大，百粒质量76.8 g，粉红色，汁多，味浓甜微酸，半软籽，籽粒中心有放射状针芒，具玛

图1-10　怀远玛瑙籽

瑙光泽，故称'玛瑙籽'，可溶性固形物 17.2%，总糖 13.97%，总酸 0.58%，VC13.4 mg/100 g。怀远县 9 月下旬至 10 月上旬成熟，耐贮藏。该品种是我国石榴中的珍品，适应性强，对土壤要求不严，早产、丰产、稳产，适宜我国北方传统石榴产区栽培。该品种变异优系较多，应注意选优、发展（图 1-10）。

### 11. 白玉石籽

安徽农业大学叶振风、朱立武等选育的优良石榴品种，2003 年通过安徽省林木品种审定委员会审定。该品种树势强健，枝条较软，开张，枝皮灰白色，茎刺稀少。叶片较大，披针形，叶色深绿，叶尖微尖，幼叶、叶柄及幼茎黄绿色。果实近圆球形，特大型果，单果质量 480 g 左右，大果 1 200 g 以上。果皮黄白色，果面光洁，萼片多闭合。百粒质量 84 g 以上，籽粒多呈马齿状、白色，内有少量放射状针芒，可溶性固形物 16.4%，含糖 12.6%，酸 0.315%，VC14.97 mg/100g。皖中地区 3 月中下旬萌芽，5 月上旬初花，5 月中旬至 6 月中旬盛花，9 月中下旬果实成熟。该品种早产、丰产、稳产，适宜我国北方传统石榴产区栽培，降雨量较大地区栽培时，应注意及时排涝，加强各种真菌病害的防治（图 1-11）。

图 1-11 白玉石籽

### 12. 会理青皮软籽

四川省凉山州会理县地方传统优良主栽品种。在四川凉山会理、西昌，攀枝花仁和、米易，云南昭通巧家，大理宾川等地广为栽培。该品种树势强健，果实近球形，大型果，萼片闭合，单果质量480 g，

大果质量1 200 g以上。籽粒大，百籽质量57.9 g，籽粒粉红色，种仁小、半软，可溶性固形物15.3%，含酸量0.427%、VC11.5 mg/100 g。攀西地区2月中旬萌

图1-12 会理青皮软籽

芽，3月下旬至5月上旬开花，8月上旬至9月上旬成熟，较抗病。适宜在光热资源丰富的南方石榴产区栽培（图1-12）。

### 13. 蒙自甜绿籽

云南省红河州蒙自市、个旧市等滇南石榴产区地方传统优良主栽

品种。果实圆球形，中、大型果，单果质量320 g左右，大果质量1 000 g以上，果皮黄绿色，具红条纹彩霞。籽粒大，粉红色，百粒质量52 g，种仁

图1-13 蒙自甜绿籽

小、半软，风味甜而爽口，可溶性固形物 13.8%，含酸量 0.45%，VC6.6 mg/100 g。当地头茬果 6—7 月成熟，二、三茬果 8—9 月成熟。适宜在光热资源丰富的南方石榴产区栽培（图 1-13）。

### 14. 突尼斯软籽石榴

1986 年突尼斯共和国赠送我国的软籽石榴品种，2002 年通过河南省林木品种审定委员会审定。在河南省荥阳市栽培数量较多，在四川省、云南省表现优异。果实近圆形，中型果，单果质量 320 g，大果质量 650 g 以上，近成熟时果皮由黄变红，成熟后向阳面果实全红，或间有浓红断条纹。果皮光洁明亮。籽粒红色，种仁软，百粒质量 56.2 g，含糖量 15.05%，含酸量 0.29%，VC1.97 mg/100 g。

该品种优点是种仁柔软可食，缺点是树体抗寒性差、籽粒风味寡淡、果实不耐贮藏、货架期短。为此，应加快优良软籽石榴品种引进、选育、更新换代步伐，以此促进我国软籽石榴快速、健康、可持续发展（图 1-14）。

图 1-14　突尼斯软籽石榴

### 15. 中农红软籽石榴

中国农业科学院郑州果树研究所曹尚银等选育的优良软籽石榴新品系。树势中庸，幼树针刺稍多，成年树针刺不发达，多年生

图 1-15 中农红软籽石榴

枝青灰色；叶色深绿，叶片大而肥厚；中、大型果，单果质量 475 g，大果质量 714 g 以上，果实近圆球形，果皮光洁明亮，阳面浓红色，外观漂亮；裂果不明显；萼片半开张至开张；籽粒紫红色，汁多、味纯甜，种仁软，可溶性固形物 15.3% 以上，籽粒出汁率 87.8%；北方石榴产区 9 月中、下旬成熟（图 1-15）。

## （二）鲜食加工兼用品种

### 1. 紫美

四川省攀枝花市农林科学研究院、四川省农业科学院园艺研

图 1-16 紫美

究所、四川省凉山州亚热带作物研究所共同引种驯化的优良软籽石榴品种，2016 年 4 月通过四川省农作物品种审定委员会审定。果实近球形，大型果，单果质量 487 g 左右，大果质量 1 100 g 以

上，果皮紫红色。籽粒紫红色，种仁软，汁液紫红色，百粒质量 44 g，可溶性固形物 17.9%，氨基酸 0.21%，VC10.1 mg/100 g，总糖 13.8%，总酸 0.939%，糖酸比 14.7∶1。攀西地区 2 月中旬萌芽，3 月上、中旬现蕾，3 月下旬至 5 月上旬开花，4 月上旬至 9 月中旬为果实发育期，9 月中、下旬果实成熟。是优良的鲜食加工兼用品种，适宜在我国南方石榴产区露地、长江中下游避雨、北方石榴产区防冻冷棚栽培（图 1–16）。

### 2. 建水红玛瑙

云南省红河州建水县地方传统优良主栽品种。果实圆球形，有棱，中型果，单果质量 318~572 g，充分成熟时果皮鲜红色。籽粒大、鲜红色，似玛瑙，种仁硬，百粒质量 48.5~77.5 g，可溶性固形物 12.5~15.5%。建水县 8—9 月成熟。是优良的鲜食加工兼用品种，适宜在光热资源丰富的南方石榴产区栽培（图 1–17）。

图 1-17 建水红玛瑙

### 3. 建水红珍珠

云南省红河州建水县地方传统优良主栽品种。果实圆球形，中型果，单果质量 326~574 g，充分成熟时果皮鲜红色。百粒质量 41.7~68.2 g，种仁半软，籽粒红色至玫瑰色，可溶性固形物

图 1-18　建水红珍珠

14~16%。建水县 8—9 月成熟。是优良的鲜食加工兼用品种，适宜在光热资源丰富的南方石榴产区栽培（图 1-18）。

记　事

记 事

# 第二章

# 有机石榴的生物学特性

## 一、形态特征

### （一）根系

#### 1. 类型

石榴根系有茎源根系、根蘖根系、实生根系 3 种。我国南北各石榴产区生产中，绝大多数采用扦插苗建园，故现有榴园石榴树多是茎源根系。其根系来源于石榴树成熟枝条上的不定根，其根系生理年龄较老，生活力相对较弱，但个体间比较一致，多数没有主根，由生长粗大的侧根构成根系的主要骨架，在侧根上生长着大量的须根和吸收根。

#### 2. 分布

（1）垂直分布。多数学者认为，石榴是浅根性果树。但实际上石榴树根系分布与榴园土层厚度关系密切。凡土层深厚的榴园，其石榴树根系垂直分布较深，垂直分布可达 60~80 cm 处，深者可达 180 cm 处，但骨干根、吸收根主要分布在 20~30 cm 处。而土层较薄的榴园，石榴树根系垂直分布较浅，其骨干根、吸收根主要分布在 10~20 cm 处。施肥深度对石榴树根系垂直分布影响较大，深施各种肥料均能显著增加根系垂直分布范围。

（2）水平分布。石榴树骨干根主要分布在距主干 0~100 cm 范围内，须根、吸收根主要分布在距主干 20~120 cm 范围内。施肥距主干越远，石榴树根系水平分布越远，吸收肥水越多。

## （二）枝干

石榴树是萌芽力、成枝力很强的树种，冠内枝条繁多、交错互生，多为一强一弱对生，少部分为一强两弱或两强一弱轮生。自然生长的石榴树为落叶灌木或小乔木，主干不明显，树形多为自然圆头形等，冠内枝条抱头生长，扩冠速度慢，内膛枝衰老快，易枯死，坐果性差。但人工栽培的石榴树，多在 40~100 cm 处定干，并按一定的形状培养树冠，一般有明显的主干、主枝、侧枝、结果枝组、结果枝。因此，在整形修剪时，应尽量采取疏枝措施，不短截或少短截，防止树冠郁闭。

石榴树的枝干，除了主干、主枝、侧枝、结果枝组、结果枝外，还有两种重要的形态，生产中也要给予足够的重视。

一是根蘖。根蘖，就是树根或根茎处的不定芽萌发后，长出地面而形成的小植株。石榴树干基部容易发生不定芽而形成根蘖。生产上如果任其大量的分生根蘖，不但影响榴园通风，而且损耗较多的石榴树体营养，对石榴树生长结果极为不利，应结合夏季修剪及时清除干净。

二是徒长枝。石榴树易发生徒长枝，多数是由不定芽或潜伏芽受到刺激后萌发形成的，生长时间长，生长量大，一年内即可生长 1~2 m，直径达 1 cm 以上，多直立生长，是石榴树长势最旺盛的枝条，俗称"滑条"。在强壮徒长枝中、上部，各节腋芽多发生二次枝或三次枝，轮生或对生，二、三次枝长势逐渐减弱，和一次枝本身几乎成直角着生生长，但组织不充实，冬季常出现抽干现象。由于其长势旺盛、分枝多，冠内枝条交错互生，容易密闭，导致通风透光不良，且消耗大量水分、养分，扰乱树形，对正常开花坐果极为不利。在石榴树幼龄、初果、盛果期，修剪时应及早疏除，防止形成徒长枝。但结果后期（衰老期），可充分利用这一特性，加速石榴老树更新步伐。

## （三）芽

### 1. 按萌发功能分

石榴树的芽有叶芽、花芽、混合芽。叶芽大部分着生在一年生枝的叶腋间，萌发后生出枝条、叶片。而花芽大部分着生在叶丛枝、短果枝顶端，萌发后开花结果。混合芽多着生在发育健壮的叶丛枝、短枝顶部或近顶部，如果当年营养充足或条件适宜，顶芽或腋芽可形成混合芽，翌年抽生结果枝结果；如果营养不足或条件不适宜，仍为叶芽，翌年生长为营养枝。

### 2. 按着生位置分

石榴树的芽有顶芽、腋芽。顶芽饱满、较大，位于叶丛枝、短枝顶端。枝条生长后期，其顶端多数演变成针刺，翌年由侧芽代替其生长。因此，除叶丛枝、短枝外，石榴树多数枝条无真正的顶芽，其顶端针刺被称为"伪顶芽"。腋芽瘦小，位于叶腋间。春季萌发时，因品种不同，芽有紫红、红、浅红、黄绿等色。

### 3. 按萌发时间分

石榴树的芽有定芽、不定芽、潜伏芽。定芽有固定的着生位置

和固定的萌发时间，如叶芽、花芽、混合芽。而不定芽或潜伏芽，着生位置、萌发时间均不固定，一般不萌发，只有当枝条折断或其他原因刺激时才萌发，自然状态下多长成徒长枝，生产上应注意疏除或加以利用。

## （四）叶片

### 1. 形状

石榴叶片多呈倒卵圆形或披针形，全缘，先端圆钝或微尖。叶形因品种、树龄、枝条类型、着生部位等不同而有差异。叶片质厚，叶脉网状。

### 2. 颜色

石榴幼叶颜色因品种不同分为浅紫红、红、浅红、黄绿 4 色，其幼叶颜色与生长季节也有关系，春季气温低，幼叶颜色一般较重；夏、秋季幼叶颜色相对较浅。成龄叶片深绿色，叶面光滑；叶背面颜色较浅、无茸毛，不及正面光滑。

### 3. 着生

一年生枝条叶片多对生，强的徒长枝上 3 片叶多轮生，3 片叶大小基本相同，也有 9 片叶轮生现象，每 3 片叶一组包围 1 个芽。其中，中间叶较大，两侧叶较小；叶腋间有 1 个腋芽，但芽较瘦小，偶有叶片互生现象。二年生及多年生枝条上的叶片生长不规则，多 3~4 片叶包围一芽轮生，芽较饱满，轮生的叶片一般有 1~2 片，大小不同，且均较小。

## 4. 大小

因品种、树龄、枝龄不同而有差别。白花重瓣品种叶片较大，最大长、宽分别为 11.04 cm、2.66 cm。幼龄树、一年生枝叶片较大，老龄树和多年生枝叶片较小。观赏类品种如月季石榴等叶片更小。

## 5. 重量

与叶片大小呈正相关，正常生长的叶片，平均单叶鲜质量 0.079~0.14 g，平均单叶干质量 0.038~0.07 g。树冠外围叶片较重，光合能力强，树冠内部叶片较轻；一年生枝条叶片较重，二年生枝条叶片较轻；坐果量大的叶片重，坐果量小的叶片轻。所以，在栽培技术上应采取相应措施，提高叶片质量，以使树体健壮、结果良好。

## （五）花

### 1. 形态

石榴花为两性花，子房下位，萼筒与子房连生，肉质肥厚，萼筒先端分裂为 5~7 枚萼片，多数为 6 枚，萼片较硬，肉质，宿存，呈王冠状。单瓣花 5~7 片，互生，覆瓦状，皱折于萼筒之内，其数与萼片同，颜色有红、粉、白、黄、玛瑙等色。部分观赏石榴品种或变种为重瓣，花瓣极多，40~220 片，同时畸形花亦多。萼筒内雌蕊 1 枚、居中，雄蕊多达 220~230 枚，萼筒与子房发育成熟后，形成多籽的浆果。

### 2. 类型

石榴花根据其着生位置有顶花、腋花之分。顶花位于结果枝顶端，大多数发育好、开花早、坐果率高。腋花则位于结果枝顶生花下小叶的叶腋间，大多数发育差、开花迟、坐果率低。根据石榴花发育情况、构造，又可分为 3 类：完全花、中间花、不完全花。完全花：子房发达，上下等粗或腰部略细，这类花的雌蕊高于雄蕊，俗称"筒状花"或"石榴"，是结果的主要花型。中间花：雌蕊与雄蕊高度持平或略低，也呈筒状，但子房较小，胚珠发育不全，如果营养充足、温度适宜（30~32 ℃），也可坐果，但坐果率较低，果内籽粒小而少。不完全花：又称退化花，子房未发育，外形上大下小，呈钟状，故又名"钟状花"。该类花胚珠未发育，萼筒细小，雌蕊发育不全或全部退化，不能坐果，数量大，群众称其为"幌花""败育花"，实际是功能不全的"伪两性花"。石榴花的类型直接影响产量乃至鲜果质量，各类花的比例与品种、立地、管理水平、树势、树龄等因素密切相关。因此，生产上应选择完全花比例高的品种作为主栽或授粉品种；加强树体管理，提高完全花比例，以此增加产量。

### 3. 花序

石榴花无论顶生或腋生均为有限聚伞花序，花序的发生属于假二歧分枝方式，中心花首先发育，接着是侧位花发育。其花蕾着生方式为：在结果枝顶端着生 1~9 个花蕾。其着生方式也多种多样，但有一个共同点，即中间位花蕾一般是完全花，发育早且多数成果，侧位花蕾较小而凋萎，也有 2~3 个发育成果但果实较小。生产上应注意及早疏蕾、疏花，对调节树体，减少营养消耗，提高坐果率和单果质量有一定意义。

## （六）果实

石榴果实由下位子房发育而成。成熟果实呈球形或扁球形，萼片肥厚、宿存，果皮厚 1~3mm，富含多种活性成分。果皮内包裹众多籽粒，分别着生在多心室子房的胎座上，室与室之间以竖膜相隔，每果有种子 100~700 粒。按果皮颜色有青、白、粉、红、紫、褐、黄七种；按单果质量可分特大、大、中、小、微型五种类型；按成熟期则有早、中、晚熟三类。新建榴园应注意选择具有抗真菌病害、抗日灼、抗裂果、个大、味甜、耐贮藏等优点的品种作为主栽或授粉品种。

## （七）籽粒

石榴的"籽粒"在植物解剖学上就是石榴的"种子"，外层浆液多汁的可食用部分为外种皮（假种皮），较坚硬的种壳为内种皮，里面是种仁。石榴是多籽粒树种，每果含籽粒几百粒，呈多角体，大小不一，百粒质量 15~90 g 或更重。成熟籽粒有白、乳白、粉红、红、鲜红、紫、紫褐诸色；因其组分不同，全糖、全酸含量有别，籽粒风味更多的是由糖、酸比值决定。成熟籽粒分纯甜、微酸、甜酸、酸甜、酸、涩酸六味。石榴的内种皮（硬的种壳部分）由石细胞组成，主要成分是纤维素、半纤维素和木质素，木质素含量与籽粒硬度呈正相关。根据硬度大小可分为特软籽、软籽、半软籽、半硬籽、硬籽、特硬籽六类。因籽粒大小、外种皮厚度不同，鲜果出汁率（可食率）差异很大，低的仅 15%，高的超过 50%。国内绝大多数消费者喜食大粒、特软籽、软籽、半软籽、纯甜、微酸、甜酸型石榴鲜果；东北等极少数消费者则喜食大粒、特软籽、软籽、半软籽，酸甜、酸型石榴鲜果；而涩酸型石榴籽粒适口性很差，各地消费者均不接受。因此，根据不同的消费群体，应选择不同风味的品种栽培。

# 二、生长结果习性

## （一）石榴树的生命周期

石榴树一生经历萌芽、生长、结实、衰老、死亡的过程，称为石榴树生命周期。石榴树在其整个生命过程中，存在着生长与结果、衰老与更新、地上与地下、整体与局部等矛盾。其生长表现在解剖上是细胞、组织和器官数量的增加与体积的增大。最初是树体（地上与地下）旺盛的离心生长。随着树龄的增长，同化作用和代谢作用的水平和方向发生变化。由于各器官所处的部位不同，部分枝条的一些生长点开始转化为生殖器官而开花结果。随着结果数量的不断增加，大量营养物质便由同化器官转向果实和种子，从整体上改变了生长与结果的消长关系。此时，生长趋于缓慢，生殖占据优势，衰老成分也随之增加。由于部分枝条和根系的死亡引起局部更新，逐渐进入整体的衰老更新过程。所以在生产上，根据石榴树一生的生长发育规律，将其划分为 5 个年龄时期，即幼树期、结果初期、结果盛期、结果后期和衰老期。

### 1. 幼树期

幼树期是指从苗木定植到初次开花结果的时期。此期一般无性繁殖苗（扦插苗、分蘖苗等）2 年开花结果，有性繁殖苗 3 年开花结果。此期特点是以营养生长为主，树冠和根系的离心生长旺盛，开始形成一定的树形；根系和地上部分生长量较大，光合和吸收面积扩大，同化物质积累增多，为首次开花结果创造条件；年生长期长，多数具有 3 次（春、夏、秋）生长，但组织多数不充实，从而影响抵御冻害等多种灾害的能力。管理上应深翻扩穴、充分供应肥水、轻剪长放多留枝，促根深叶茂，尽快形成树冠和牢固骨架，为早结果、早丰产打下基础。我国南北产区多采用扦插苗建园，性已成熟，具备开花结果能力。所以定植后的石榴树能否早结果，主要取决于形成生殖器官的物质基础是否具备，如果幼树条件适宜，栽培技术得当，则生长健壮、迅速，有一定树形的石榴树开花早且多。

### 2. 结果初期

从开始结果到有一定经济产量为止，一般树龄 5~7 年。此期树体结构基本形成，前期营养生长继续占优势，树体生长仍较旺盛，树冠和根系加速发展，是离心生长的最快时期。随产量不断增加，地上、地下生长逐渐减缓，营养生长向生殖生长过渡并渐趋平衡。结果特点是：单株结果数量逐渐增多，果实初结小，籽粒小，渐结大，籽粒大，趋显本品种果实、籽粒固有特性。管理上，在加强综合管理的基础上，培养骨干枝，控制利用辅养枝，并注意培养和安排结果枝，促进树冠加速形成。

### 3. 结果盛期

从有经济产量始，经较高且稳定的产量期，到产量开始下降时为止，一般维持 40~60 年。其特点是：骨干枝离心生长停止，结果枝大量增加，产量达到高峰。由于消耗大量营养物质，枝条和根系生长都受到抑制，地上（树冠）地下（根系）亦扩大到最大限度，结果部位外移。树冠末端小枝出现死亡，根系末端须根也有死亡现象。树冠内部开始发生少量生长旺盛的更新枝条，开始向心更新。管理上，应运用好各种综合管理措施，抓好 3 个关键：一是充分供应肥水；二是合理更新修剪，均衡配备营养枝、结果枝和结果

预备枝，使生长、结果和花芽形成达到稳定平衡状态；三是坚持疏蕾疏花疏果，达到均衡结果目的。

### 4. 结果后期

从稳产高产状态被破坏，产量明显下降，到产量降到几乎无经济效益为止，一般持续 10~20 年。其特点是：新生枝数量减少，而末端枝条和根系大量衰亡，向心更新增强，病虫害增多，树势衰弱。管理上，应深翻改土、增施肥水，促进根系更新；适当重剪回缩，更新枝条，延缓衰老；疏蕾、疏花、疏果，保持树体均衡结果。

### 5. 衰老期

从产量降低到几乎无经济收益时始，到大部分枝干不能正常结果，直至死亡时为止。其特点是：骨干枝、骨干根大量衰亡。结果枝越来越少，老树不易复壮，利用价值已不大。管理上，加强肥水，培养蘖生苗，自然更新。如果提前做好更新准备，在老树未伐掉前，更新的蘖生苗即可挂果。

石榴树各年龄时期的划分，反映树体的生长与结果、衰老与更新等矛盾互相转化的过程和阶段，各个时期虽有其明显的形态特征，但又往往是逐步过渡和交错进行的，并无截然的界限。各个时期的长短，因品种、立地、气候、栽培管理水平而不同。石榴树"大小年"现象，虽不像其他果树那样有明显周期性，但树体当年的载果量、树体营养状况、病虫危害等都可影响第 2 年的坐果。加强管理，合理修剪，施肥浇水，控制载果量，可有效避免石榴树的"大小年"现象，达到高产稳产目的。

## （二）石榴树的年生命周期

石榴树一年中随气候更迭而变化的生命过程，称为石榴树年生长周期。我国南北石榴产区，石榴树均明显分为生长期和休眠期。生长期内进行根系生长、枝叶生长、开花坐果、果实发育、花芽分化等生理过程。

### 1. 根系生长

石榴树根系年生长周期中，有多次生长高峰。因南北产区不同，其生长时期差别较大，但均是早于地上芽、枝条、花果的生长，既在石榴树萌芽、新梢迅速生长、果实膨大前，根系都有一个较快的生长阶段。这给肥水管理等提供了科学依据。

### 2. 枝干生长

（1）树干生长。以北方产区为例，石榴树干径加粗生长从 4 月下旬开始，直至 9 月中旬前后一直为增长状态，9 月下旬后生长明显减缓，9 月底径粗生长基本停止。

（2）枝条生长。以北方产区为例，在载果量适宜、树体健壮情况下，4 月下旬春梢开始生长，6 月初基本停止生长。7 月上旬夏梢开始生长，8 月中下旬秋梢开始生长，10 初基本停止生长。

### 3. 叶片生长

石榴叶片，从萌芽到展叶需要 10 d 左右，展叶后叶片逐渐生长、定型，需要 30 d 左右。其速度受水肥条件、树体营养状况、叶片着生部位、生长季节等影响较大。正常情况下，一般春梢叶的功能期可达 180 d 左右；夏、秋梢叶片功能期相对缩短。生产上应

平衡肥水，保证叶片健壮生长，尽量延长叶片功能期。

### 4. 花芽分化

石榴花芽主要由短枝顶芽发育而成，多年生短枝的顶芽，甚至老茎上的隐芽也能发育成花芽。研究表明，在我国北方产区，花芽分化从 6 月上旬开始，一直到翌年的末花结束，历时 2~10 个月不等，既连续又表现出 3 个高峰期，即当年 7 月上旬、9 月下旬、翌年 4 月上、中旬。与之对应花期存在 3 个高峰期，既三茬花。研究表明，石榴花芽分化与品种、树体营养水平、树龄、树势、温度等因素密切相关。石榴树花量多、体积大，分化历时长，树体必须贮备大量营养才能分化出优质花芽。因此，必须加强肥水管理，合理修剪，特别是夏季修剪，才能保证"头茬花""二茬花"的正常分化。

### 5. 开花时期

多年观察表明，我国北方石榴产区，石榴花期一般在 5 月下旬至 6 月上、中旬，期间有 3 次开花高峰，即：头茬花（头花）、二茬花（中花）、三茬花（末花）。花朵开放时间在上午 8 时前后，散粉时间在花瓣展开第 2 天，杂交或人工辅助授粉时要注意掌握采粉时间。

### 6. 结果母枝

结果母枝一般是上年度形成的，也有 3~5 年生营养枝转化的。营养枝向结果母枝的转化，实质上也是芽的转化，即由叶芽向花芽的转化。营养枝向结果母枝转化的时间，因营养枝的营养状态而有不同，需 1~2 年完成。当年抽生新枝的二次枝上也有开花坐果现象，因此，当年也可完成营养枝向结果母枝的转化。

结果母枝上抽生结果枝，石榴则在结果枝顶端结果。结果枝长1~30 cm，叶片2~20片，顶端形成1~9个花蕾。结果枝坐果后，果实高居枝顶，果枝加粗，顶端不再延长生长。结果枝上的腋芽，顶端若坐果，当年一般不再萌发抽枝。结果枝叶片由于养分消耗多，衰老快，落叶较早。修剪时保留1~2年生强壮枝很有必要。

## 7. 坐果习性

坐果习性包括坐果率、坐果时期与产量、品质的关系，果形指数等。石榴花期长、花量大，坐果率比较低。坐果率与品种、立地、树体营养、整形修剪、管理水平等诸多因素密切相关。头花果生长期长、成熟早、籽粒味甜，但果内部分籽粒发育不全。二花果的花期、果期营养均比较丰富，果实发育时间长，果个大、籽粒大、味甜，品质最好。三花果因发育时间不足，果实个小、籽粒小、味淡，品质欠佳。因此，果农有"选留头花果，留足二花果，疏除三花果"的做法，此法很有借鉴和推广价值。

## 8. 果实发育

以我国北方石榴为例，从石榴花完成授粉受精始，到果实充分成熟需110~120 d。果实发育大致可以分为幼果速生期（前期）、果实缓长期（中期）和采前稳长期（后期）3个阶段。幼果期出现在坐果后的5~6周，此期果实膨大最快，体积增长迅速。果实缓长期出现在坐果后的6~9周，此期果实膨大较慢，体积增长速度放缓。采前稳长期，亦即果实生长后期和着色期，出现在采收前6~7周，此期果实膨大再次加快，体积增长稳定，较果实生长前期慢、中期快，果皮和籽粒颜色由浅变深达到本品种固有颜色。肥水管理应遵循果实发育规律进行。

### 9. 果皮颜色

石榴果皮颜色因品种不同各异，是鲜果品质分级标准之一，果实鲜艳，果面光洁，果实商品价值高。决定果皮颜色的色素主要有叶绿素、胡萝卜素、花青素以及黄酮素等。果实发育过程中，果皮颜色变化是：第一阶段，授粉受精完成后，花瓣脱落，幼果生长前果皮由红或白色渐变为青色，需要 2~3 周；第二阶段，幼果生长中后期，果皮仍为青色；第三阶段，在 7 月下旬、8 月上旬，因坐果期早晚有差别，开始着色，随果实发育成熟，花青素增多，果皮颜色发育为本品种固有特色。树冠上部、阳面，以及果实向阳面着色早；树冠下部、内膛、阴面，以及果实背光面着色晚，但果皮颜色鲜艳、细嫩，商品价值高。

# 三、物候期

## （一）概念

一年当中，石榴树各器官随气候变化而变化的时期，称为石榴树的生物气候学时期，简称物候期。生产上应根际各个物候期的特点，采取相应的技术措施，以促进或控制石榴树的生长、发育进程，达到栽培目的。

## （二）特征

石榴树物候期具有 3 个明显特点，即顺序性、重叠性和重演性。石榴树根系生长早于萌芽 15~20 d。春季先展叶后开花，由于石榴花期较长，至开花的中后期，展叶与开花同步进行。根系生长与新梢生长交替发生。春、夏、秋梢停长之后，每次都出现一次根系生长高峰。每次新梢停长之后，花芽各有一次分化高峰，一般一年3次。新梢生长往往抑制坐果和果实发育，而抑制新梢生长（如用摘心、扭梢等），往往可以提高坐果率、促进果实生长。同一株树上，同时有开花、抽梢、结果、花芽分化，几个物候期重叠交错出现，春梢、夏梢抽梢一般伴随着开花结果。

## （三）影响因素

主要影响因素有以下方面。

（1）地域。地域是影响物候期的最大因子，我国南北产区石榴树的物候期差异极大。纬度每向北推进1°，温度降低1 ℃左右，物候期则晚几天；海拔每升高100 m，温度降低1 ℃左右，物候期则晚几天。

（2）气候。气候条件也影响物候期进程，如早春低温，延迟开花；花期干燥高温，开花物候期进程快；干旱则影响枝条生长和果实生长等。

（3）品种。早、中、晚熟品种物候期相差1个多月。

（4）生物。病虫等危害可明显改变物候期。

（5）农事。技术措施如喷施生长调节剂、设施栽培等也可改变物候期。

## （四）物候期

如前所述，石榴树物候期受多重因素影响，我国南北产区石榴树生长期相差90 d左右（表2-1）。

表2-1 我国主要产区石榴物候期比较

| 产地 | 萌芽期 | 始花期 | 成熟期 | 落叶期 | 指示品种 |
|---|---|---|---|---|---|
| 河南荥阳 | 3 月下旬 | 5 月中旬 | 9 月下旬 | 10 月下旬 / 11 月初 | 突尼斯 |
| 河北元氏 | 4 月上旬 | 5 月中旬 | 9 月下旬 / 10 月初 | 10 月下旬 | 太行红 |
| 山东峄城 | 3 月下旬 | 5 月中旬 | 10 月上旬 | 11 月上旬 | 大青皮甜 |
| 山西临猗 | 4 月上旬 | 5 月中旬 | 10 月上旬 | 10 月下旬 | 江石榴 |
| 陕西临潼 | 3 月下旬 / 4 月初 | 5 月上旬 | 10 月上旬 | 11 月初 | 净皮甜 |
| 安徽怀远 | 3 月下旬 | 5 月中旬 | 9 月下旬 / 10 月初 | 10 月底 | 玛瑙籽 |
| 四川会理 | 2 月中旬 | 3 月上旬 | 8 月中、下旬 | 12 月上旬 | 青皮软籽 |
| 云南蒙自 | 2 月上旬 | 3 月上旬 | 8 月下旬 | 12 月中、下旬 | 甜绿籽 |
| 新疆皮山 | 4 月上、中旬 | 5 月中旬 | 9 月下旬 / 10 月初 | 10 月中、下旬 | 皮亚曼 |

记　事

记　事

# 第三章

# 有机石榴的栽培技术

## 一、有机石榴栽培区域的环境标准

有机石榴栽培区域应远离各种污染源，土壤应符合《GB 15618—2008 土壤环境质量标准》，大气应符合《GB 3095—2012 环境空气质量标准》，农田用水应符合《GB 5084—2005 农田灌溉水质标准》（表 3-1、表 3-2、表 3-3）。

表 3-1　土壤环境质量标准　　　　　　单位：(mg/kg)

| 分级 | 汞 | 镉 | 砷 | 铅 | 铬 | 六六六 | DDT |
|---|---|---|---|---|---|---|---|
| 1 | 0.24 | 0.2 | 13.0 | 70.0 | 70.0 | 0.1 | 0.2 |

表 3-2　环境空气质量标准

| 污染物 | 浓度限值 /（mg/L） | | | |
|---|---|---|---|---|
| | 取值时间 | 一级标准 | 二级标准 | 三级标准 |
| 总悬浮颗粒 | 日平均 | 0.15 | 0.30 | 0.50 |
| | 任何一次 | 0.30 | 1.00 | 1.50 |
| 飘尘 | 日平均 | 0.05 | 0.15 | 0.25 |
| | 任何一次 | 0.15 | 0.50 | 0.70 |
| 二氧化硫 | 年日平均 | 0.02 | 0.06 | 0.10 |
| | 日平均 | 0.005 | 0.15 | 0.25 |
| | 任何一次 | 0.15 | 0.50 | 0.70 |

（续表）

| 污染物 | 浓度限值 /（mg/L） | | | |
|---|---|---|---|---|
| | 取值时间 | 一级标准 | 二级标准 | 三级标准 |
| 氮氧化物 | 日平均 | 0.05 | 0.10 | 0.15 |
| | 任何一次 | 0.10 | 0.15 | 0.30 |
| 一氧化碳 | 日平均 | 4.00 | 4.00 | 6.00 |
| | 任何一次 | 10.00 | 10.00 | 20.00 |
| 光化学氧化剂（$O_3$） | 1h 平均 | 0.12 | 0.16 | 0.20 |

表 3-3　农田灌溉水质标准

| 水质指标 | 标准 | 水质指标 | 标准 |
|---|---|---|---|
| pH 值 | 6.5~8.5 | 镉 | $\leqslant 0.002$ mg/L |
| Ec 值（×10） | $\leqslant 750$m$\Omega$/L | 砷 | $\leqslant 0.1$ mg/L |
| 大肠菌群 | $\leqslant 10\ 000$ 个 /L | 铅 | $\leqslant 0.5$ mg/L |
| 氟 | $\leqslant 2.0$ mg/L | 铬 | $\leqslant 0.1$ mg/L |
| 氰 | $\leqslant 0.5$ mg/L | 六六六 | $\leqslant 0.02$ mg/L |
| 氯 | $\leqslant 200$ mg/L | DDT | $\leqslant 0.02$ mg/L |
| 汞 | $\leqslant 0.001$ mg/L | | |

　　有机石榴生产地块与非有机石榴生产地块之间要有缓冲带，一般宽度不少于 50 m（包括公路）；该缓冲带收获的石榴鲜果作为常规果品处理。有机转换期应不低于 3 年，且转换期内栽植石榴必须执行有机石榴生产标准，转换期内的石榴鲜果不得以有机石榴出售。

# 二、有机石榴建园技术

## （一）有机石榴园址选择

　　石榴虽然适应性较强，但良好的生态环境，更有利于石榴的生长结果，能取得更好的生态和经济效益。如果选址不当，栽植普通石榴还可以依靠化学肥料、杀虫剂等解决一些不利因素，但有机石榴则不允许。因此，在有机石榴园址选择时，应全面考察园址的气候、土壤、地势等条件以及生物因子等。

### 1. 光照

石榴为喜光树种，长日照（年日照时间 1 500 h 以上）、光照充足、光照强，石榴树则生长良好，完全花分化率、坐果率高，果实色泽鲜艳，含糖量高，籽粒品质好。若年日照时间低于 1 500 h，光照不足、光照弱，石榴树则容易徒长，树冠郁闭，内膛光秃，花芽分化不良，生长结果能力差，完全花比例小，果实着色差，风味变淡。因此，除选择光照适宜的栽培区域外，还要在栽培方式、栽培密度、整形修剪等方面为改善石榴园以及石榴树体的光照、提高石榴果品质量提供条件。

### 2. 温度

限制有机石榴栽培的温度诸多因子中，主要是气温、生长期有效积温和冬季最低温度。

（1）气温。石榴属喜温树种，喜温畏寒。据研究，石榴树在旬平均气温 10 ℃左右时树液开始流动；11 ℃时萌芽、抽枝和展叶；昼气温达 29~31 ℃时开花、授粉受精良好；昼气温 36 ℃左右适合果实生长和种子发育；昼气温为 21~18 ℃，且昼夜温差大时，有助于石榴籽粒糖分积累；当旬平均气温为 11 ℃时落叶，石榴树落叶之后，树体进入休眠期。

（2）有效积温。据各地调查资料显示，石榴在生长期内要求 ≥ 10 ℃的有效积温需在 3 000 ℃以上，才能满足其生长发育和

开花结果的需求。积温越高，石榴品质越好。

（3）冬季低温。石榴能否抵抗某地区冬季绝对低温的寒冷或冻害，是决定能否在该地区生存或进行商品栽培的重要条件。因此，冬季的绝对低温是决定石榴树分布极限的重要条件。超越这个界限，将发生低温冻害。如果低温冻害发生严重而频繁，则可能丧失其本身的栽培价值。石榴在冬季休眠期，能耐一定的低温，但不同来源和品种，具有不同的抗寒力。多地研究资料表明，地表气温在 –17 ℃时，石榴树地上大部分枝干被冻死。除设施栽培外，有机石榴栽植区域冬季绝对低温原则上不能低于 –15 ℃。

### 3. 水分

石榴是属于抗旱能力较强的果树树种之一，其花期、果实成熟期特别喜欢干旱的天气以及适宜的水分供应。花期若天气干旱、供水适宜，则有利于开花、授粉、受精、坐果；花期若多雨，则不利于开花、授粉、受精、坐果。果实成熟前和采收期若天气干旱、供水适宜，则有利于果实着色，果实内外品质良好；如遇阴雨天，则果实着色不良，还极易引起裂果，严重影响果实内外品质、销路和效益。据调查，年降雨量在 400 mm 以下的石榴产区，如果生长季节保证正常灌溉，在适宜的水分条件下，石榴生长、结果十分良好。

石榴树对水涝反应比较敏感。因此，石榴园不宜间作需水量大的蔬菜、农作物等，有机石榴栽植园必须有良好的排水系统。

在年周期内不同的物候期，石榴树体对水分的需要是不同的。石榴树在休眠期耗水极少，当树叶长成和坐果之后，需水量明显增多。到生长末期，需水量又减少。无论何时，当供水低于树体蒸腾需要而造成亏缺时，都会影响石榴树体的生长发育，甚至造成伤害。因此，在整个石榴生长期，必须保证适宜的水分供应。

我国南北石榴产区年降水量在 200~1 200 mm。大于 800 mm 的地方，发展有机石榴应研究、推广避雨栽培技术。

### 4. 土壤

土壤是栽植石榴的基础，石榴生长发育所需要的水分和矿质营养主要通过根系从土壤吸收。因此，土壤的各种条件对石榴树有诸多方面的影响，包括土层厚度、土壤质地以及土壤酸碱度等。

（1）土层厚度。石榴根系的生长与分布对树体的生长结果以及抵抗环境胁迫能力有重要影响。土层厚度直接影响根系垂直分布深度。土层深厚，根系分布深，吸收养分与水分的有效容积大，水分与养分的吸收量多，树体健壮，有利于抵抗环境胁迫（如水分胁迫、营养胁迫、高温或低温胁迫等），为优质丰产提供有利条件。据调查，国内南北方各石榴产区，其石榴树根系垂直分布多集中在 20~70 cm 的土层中，根系水平分布主要集中在树冠以下至树冠外 1~3 m 处，但以靠近树冠边缘下土层中分布较多。因此有机石榴栽植园土层厚度应不低于 70 cm，这对石榴树健壮生长，以及丰产、稳产、优质具有极其重要的意义。

（2）土壤质地。有机石榴在棕壤、黄壤、灰化红壤、褐土、潮土、沙壤土、沙土等多种土壤上栽植，均可正常生长结果。但无论栽植在何种土壤上，都必须保证排水顺畅，特别是土壤通透性必须良好。以在沙土、沙壤土或壤土栽植为最佳。在沙质土壤栽植石榴，其根系分布深而广，生长快，早期丰产优质，土壤管理方便。沙质土土壤疏松，透气性强，宜耕范围宽，有机质分解快，但热容量少，增温与降温快、昼夜温差大，属热性土，在生产上应多施有机肥，强化肥水管理，肥水每次用量宜少，施用次数要多，并注意防旱、防冻、防土壤过热。壤质土是大致等量的沙粒、粉粒及黏粒组成，或是黏粒稍低于30%。这类土壤质地较均匀，松黏适度，通透性好，保水保肥性比沙质土好，有机质分解较快，土性温暖，是栽培有机石榴的理想土壤。砾质土含石砾较多，其特点与沙质土相似，在其他条件适宜时，栽培有机石榴仍可获得成功。

（3）土壤酸碱度。石榴树对土壤酸碱适应性较大，在 pH 值 4.5~8.2 均可正常生长结果。但 pH 值过高的土壤，极易发生缺铁性失绿。但在土质疏松，透气良好，土温高，排水好，土壤微酸、中性或微碱的土壤中所栽植的石榴，其果皮薄、色艳、有光泽，籽粒汁多、味甜，风味优良。

（4）土壤盐碱度。石榴对土壤盐碱有较好的适应性，但含盐量超过0.3%，则导致石榴树势弱，易黄化、早衰，冻害严重等现象；含盐量如果超过0.4%，则导致其根系、枝条、叶片发生盐害死亡。

### 5. 坡度

我国南北各石榴产区除个别区域外，绝大多数石榴园分布在低山、丘陵地区的坡地、台地、黄土塬等区域。据国内多地调查，1°~15°斜坡是发展有机石榴生产的良好区域。

环境条件是发展有机石榴生产的基础和前提。发展有机石榴生产，除了选择优良品种，采用配套、先进的栽培管理技术外，选择合适的生态环境至关重要。来自不同地区的品种，都有在各自特殊的自然气候条件和立地条件下形成的遗传特性，离开了适宜的环境条件可能就会改变其优良性状，这就是所谓的"一方水土养一方物种"的道理。因此，发展有机石榴生产时，一定要根据当地的自然条件、品种自身的抗逆性，慎重考虑，认真加以选择。随着农业设施条件的改善，设施内人为创造环境满足石榴生长结果要求也成为目前的一种尝试模式。

## （二）有机石榴园址规划

有机石榴园址的规划，特别是大型有机石榴园，首先要做好分区、防护林、道路、灌排系统等全面规划。

### 1. 小区规划

小区是有机石榴园的基本单位，其大小因地形、地势、自然条件而不同。山地地形复杂、变化大，小区面积一般 1.3~2 hm²，利于水土保持和管理。丘陵区 2~3hm²，形状采用 2∶1 或 5∶2 或 5∶3 的长方形，以利耕作和管理，但长边要与等高线走向平行，并与等高线弯度相适应，以减少土壤冲刷。

### 2. 防护林设置

山地有机石榴栽植园防护林主要功能是防止土壤冲刷，减少水土流失，涵养水源，一般由 5~8 行（灌木 2 行）组成，风大地区适当增加行数。林带距离依山势、林带有效防护距离而定，一般 400~600 m，带内株行距（1~1.5）m×（1.5~2）m，尽量利用分水岭、沟边栽植。防护树种选择要因地制宜，并考虑经济效益，山地、丘陵易选用松、柏、槐、椿、紫穗槐、花椒、荆条、酸枣等。

### 3. 园内道路和灌排系统规划

为方便有机石榴栽植园管理、运输和灌排等果园作业，应设置宽度不同的道路，道路分主路、支路和小路 3 级。灌排系统包括干渠、支渠和园内灌水沟。道路和灌排系统的设计要合理，并与防护林带、水土保持、整修梯田等工程相结合。原则是既能满足需要，又少占园地面积。山坡地有机石榴栽植园灌水渠道应与等高线一致，最好采用半填半挖式，可以灌排兼用，也可单独设排水沟，一般在石榴园上部设 0.6~1m、宽深适度的拦水沟，直通自然沟，拦排山上下泄的洪水。也可采用起垄或高畦栽植，畦高于路、畦间开深沟，两侧高中间低，天旱时便于灌溉，雨涝时两侧开沟便于排水。

## （三）有机石榴栽植园的品种选择与授粉树配置

### 1. 品种选择

有机石榴栽培是一个大的系统工程，而选择优良品种则是前提。第一，适地适栽。我国南北各石榴产区均有主栽、名优品种，在选择品种时首先要考虑适地适栽这一基本原则，首先必须考虑品种的适应性。第二，选择优良品种。我国南北各石榴产区均有各自的优良品种，要优中选优并加以利用。新发展区在引种时，必须根据当地气候、地势、土壤及栽培目的、市场、消费者喜好等情况，引进具有早产、丰产、稳产、抗裂果、抗病、风味酸甜、耐贮藏等优良性状的品种。第三，品种不能单一。特别是较大型园，还应考虑早、中、晚熟品种搭配，以此调节劳动力以及市场供应，延长鲜果供应时期，利于销售。第四，石榴生产目的。以鲜果销售为主的应发展鲜食品种，以加工为主的发展加工型品种（如酸石榴），以观光旅游采摘为主的可以发展赏食兼用型品种。

### 2. 品种搭配

品种配置数量以 2~3 个为宜。选择与主要栽培目的相近、综合性状优良、商品价值高的 1 个品种为主栽品种，另外搭配 1~2

个其他类型的品种。

### 3.栽授粉树

石榴为自花授粉果树，异花授粉坐果率高于自花授粉，同时存在"花粉直感效应"，异花授粉对石榴坐果、果实内外品质均有影响。因此，应注意选择 1~2 个综合性状优良的品种作为授粉树，以此提高石榴鲜果产量和品质。

## （四）整地挖穴

对园地首先进行耕翻、平整，按栽植密度定点、挖穴，穴的大小约 1 m³，表土、底土分放，每穴施入有机肥 50 kg，加入少量磷肥，与表土拌匀填入穴内，并灌水沉实。表土放在底层，底土放在上层。整地时间要在栽植的前一个季节进行，以此曝晒土壤，有利于减轻病虫、杂草、农膜等危害。

## （五）大苗建园

多年来，我国南北石榴产区普遍采用一年生扦插苗建园。此法建园，苗小地空，杂草丛生，定植后 2~3 年内要花费大量人力、物力进行管理，有的采用套种其他作物来解决杂草问题，也需要投入大量人工，榴园投产时间长，建园成本较高。如果利用 2 年生大苗（苗高 1.8 m、地径 1.5 cm 以上）建园，石榴幼苗在圃集中、统一管理，可完成定干、整形等工作，定植后成园快，部分大苗当年挂果，次年投产，缩短了榴园投产时间，节约了土地成本。从果农或种植企业角度看，采用 2 年生大苗建园，可有效降低幼龄期果园管理成本及榴园经营风险，又兼顾了育苗者的利益。见图 3-1、图 3-2。

图 3-1　2 年生大苗建园当年春天生长情况　　　图 3-2　2 年生大苗建园当年春天生长情况

### 1. 支撑、绑缚育苗

　　我国南北各地，石榴育苗多是春天扦插，到当年深秋、初冬或次年春季出售，供果农或种植企业建园。由于整个生长季节石榴幼苗细弱柔软，极易因风吹雨淋而倒伏，导致一年生苗木生长慢、规格小，苗高仅 0.8 m、地径 0.7 cm 左右，果农栽植后成园较慢。当石榴扦插苗木长至 30 cm 高时，利用直径约 1 cm、高 1.5 m 左右的竹竿，垂直插入石榴嫁接苗附近，并在嫁接苗高 20 cm 处用尼龙皮子绑缚；待石榴嫁接苗长至 60 cm 高时，在嫁接苗 50 cm 高处用尼龙皮子绑缚。以此类推，直至当年苗木停止生产为止。应用此法，1 年等于过去 1 年半甚至 2 年的生长量，苗木增粗、增高明显，有利于培育优质大苗。见图 3-3。

图 3-3　石榴支撑、绑缚育苗

## 2. 容器育苗

既是利用塑料、无纺布等容器培育石榴幼苗。容器盛有养分丰富的培养土等基质，常在塑料大棚、温室等保护设施中进行育苗，可使石榴幼苗生长发育获得较佳的营

图3-4 石榴容器育苗

养和环境条件。石榴苗木随根际土团栽种，起苗和移栽过程中根系受损伤少，成活率高、缓苗期短、发棵快、生长旺盛，对石榴尤为适用。如图3-4。

## 3. 掘接育苗

在冬春季节，选择抗性强、长势旺盛的一年生硬籽甜石榴品种幼苗，从苗圃掘起，作为石榴良种砧木，适当修根、修枝，并用劈接方法嫁接石榴良种，最后定植到大棚或露地苗圃。管理方法与支撑、绑缚育苗方法相同，此法有效延长了石榴嫁接

图3-5 石榴掘接育苗

苗木的生长期，苗木增粗、增高显著，更有利于培育优质大苗。见图3-5。

## （六）分步成园

各产区传统石榴建园方式是按计划栽植密度，一次性标定栽植穴，一次性栽植，其后不变，导致前期产量和生产效益提升缓慢。而现代有机石榴生产中栽植密度实行的是动态化管理。即先栽密后挖稀，尔后分步改造成园，有利于有机石榴产量、品质和生产效益的提升。这种模式是先栽密，通过群体增产增收，到植株间相互影响、榴园光照条件恶化时，再移栽或间伐改造，创造新的田间群体结构，促进生产效益最大化，使榴园始终维持高效生产。见图3-6。

图3-6　先密后稀、分步改造成园

## （七）苗木栽植

### 1. 栽植密度

应根据石榴品种、立地条件及管理水平等因素确定栽植密度。多年多地试验研究表明，软籽石榴在低山、丘陵坡地等处建园时，株行距以 2 m×3 m 或 2 m×4 m 为宜；硬籽石榴在低山、丘陵坡地等处建园时，株行距以 3 m×4 m 或 3 m×5 m 为宜。

2. 栽植时间

南方石榴产区一般在霜降至立冬栽植；北方石榴产区最好在清明前后栽植。

3. 栽植方法

栽前剪除苗木断、伤根，浸水 24 h，充分吸水。栽前在定植穴内挖长、宽、深各 40 cm 的小坑，将苗木放入，舒展根系，对直扶正，先填入表土，后填底土，轻轻提苗，保证根系舒展并与土壤密接，然后用土封坑踏实。栽后浇足定根水，待水渗后可覆盖 1 m² 的地膜保墒。

4. 栽培模式

石榴栽培模式多样，但发展目标是实现省力化栽培。为满足省力化栽培需要，今后有机石榴主要向以下两种栽培模式发展。

（1）宽行窄株。我国石榴传统栽培模式多采用株行距（2.5~3）m×（3~4）m 栽培。成园后榴园极易郁闭，光照恶化，给管理带来很大困难，增加大量不必要的用工和财力、物力投入。今后可以借鉴以色列、意大利、美国等国家的现代栽培模式，采取宽行窄株（株行距（2~2.5）m×（4~5）m 方式进行栽

图 3-7 意大利宽行密株栽植

培试验，保持适宜的栽植密度，节约土地，也方便一些小型机械的应用，省工省力，节约水、肥、药的投入，有利于早期丰产、优质高效。见图3-7。

（2）起垄栽培。我国石榴树多栽植在山区、丘陵地带，不论何地或何种栽培方式，榴园行内、行间均为平面。多数榴园土层瘠薄，有些榴园春秋土壤水分亏缺，部分榴园夏秋积水，限制了石榴树根系活动范围和对养分、水分的吸收，制约了石榴鲜果产量和质量提高。为此，我们开展了起垄栽培试验，研究表明，行内起垄栽培，能够有效增加榴园活土层厚度，提高旱地榴园土壤水分含量，增强对洪涝及土壤渍害的抵御能力，改善榴园土壤理化、养分、水分环境，实现榴园优质、丰产、高效的目标。见图3-8。

图3-8 石榴起垄栽培

### 5. 栽后管理

石榴苗木栽植后当年管理十分重要，主要包括水分管理、土壤管理和肥料管理3部分。

（1）水分管理。水分管理是提高石榴栽植成活率的关键措施，定植后无论土壤墒情如何，都必须浇透水。若春季栽植，整个春节必须勤浇水，经常保持土壤湿润。也可在树干周围铺地膜，既保湿又增温，是提高石榴栽植成活率的有效措施。

（2）土壤管理。石榴栽植苗木灌透水后，待地面泛白后应及时锄松树盘土壤，提高地温，促使早萌芽、生长。整个生长季节还要注意中耕除草，减少杂草对石榴幼树的影响，以此促进石榴幼树健壮生长。

（3）肥料管理。定植当年，以提高成活率为主要目的，施肥可随机进行。如果定植前穴内施入足量农家肥，可不追肥。如果定植时树穴内没施或施肥量较小，7月适量少施速效氮磷肥，或施用充分发酵、肥效较快的人粪尿肥，促进幼树快速、健壮生长。

# 三、有机石榴的田间管理

土肥水管理是有机石榴生产的基础，整形修剪是调整，花果管理是核心。

## （一）土壤管理

我国南北石榴产区土壤状况差异较大。因此，应根据果园土壤具体情况采取相应的土壤管理措施。

### 1. 保持水土

针对多数石榴园建在山地及丘陵坡地、土壤肥力不足、土层较薄的实际，应积极开展水土保持工作。山区石榴园的水土保持工作，主要是通过修整梯田、加高水埂等措施来完成，这对促进石榴树生长发育、提高产量具有显著效果。

### 2. 耕翻熟化

在土壤结构不良的果园中，除了换土和大量施用有机肥外，还要进行土壤耕翻。土壤耕翻可以改善土壤通气性、透水性，促进土壤好气性微生物的活动，加速土壤有机质的腐熟和分解。深翻结合秋季施肥可以迅速提高地力，为根系生长创造良好的环境条件，并促进根系产生新根，增强树势。深翻的季节以秋季为最好，具体时间为果实采收后至落叶前。此段时期雨水、温度适宜，根系生长旺盛，深翻时所伤的小根能迅速愈合并产生新根，有利于根系吸收、合成营养物质，促进翌年生长结果。

深翻必须与土壤肥料熟化相结合，单纯深翻不增施有机肥料，改良效果差，有效期短，而且有机肥必须与土壤掺合均匀，才有利于土壤团粒结构的形成。如将有机肥成层深埋，对改良土壤的作用小，养分也不易被根系吸收利用。

土壤深翻的深度要合适。一般情况下，如果土壤不存在障碍层，如土壤下部板结、砾土限制层等，深翻 40~50 cm 即可。具体深翻的深度可根据树龄大小、土质情况而定。幼树宜浅，大树宜深；树冠下近干部分宜浅，树冠外围部分宜深；沙壤土宜浅，重壤土和砾土宜深；地下水位高时宜浅，否则因毛细管作用，地下水位更易上升积水使根系受害。地下水位较深时可深翻。一般情况下，树干周围深翻 15~20 cm；向外逐渐加深，树冠垂直投影外 0.5 m 处的深度 30 cm。深翻形式可采用放树盘、隔行深翻、全园深翻等形式。放树盘也称深翻扩穴，放树盘是指幼龄树栽植后第 2 或第 3 年开始，在原定植穴外缘逐年向外深翻，每年挖宽 50~100 cm，深 40~60 cm 的沟，向外扩大树盘，数年内将株行间挖透为止；隔行深翻是指隔一行深翻一行，分 2 年或更长时间深翻完毕。一般在株间和行间深挖，沟的两侧距离主干最少 1 m，以不伤大根为宜，深 40~60 cm；全园深翻是指对成龄果园，将栽植穴以外的土壤 1 次深翻完毕。此方法工作量大，需劳力多，但深翻后便于平整土地，有利于果园耕作。

深翻还必须注意以下问题：

（1）深翻一定要与施有机肥结合。把表土与肥料拌匀放于沟底和根群最集中的部位，把新土放在上面，以利风化。

（2）深翻时，要尽量少伤根。特别是主根、侧根。同时要避免根系暴露于土壤外过久，尤其在干旱天气，以防根系干燥枯死。

（3）深翻后最好能充分灌水。无灌水条件的要做好保墒工作。排水不良的土壤，深翻沟必须留有出口，以免沟底积水伤根。

### 3. 树盘培土

树盘培土可以增厚活土层，有利于根系生长，加深根系分布层，同时也可以提高根系的抗寒抗冻能力。一般在晚秋、初冬时节，沙滩地宜培黏土，山坡地宜培壤土，培土后定期再进行耕翻，同样起到改良土壤结构的作用。

### 4. 中耕除草

中耕除草是石榴树生长期需要长期进行的工作，可以保持土壤疏松、改善土壤通气条件、防止土壤水分蒸发。但生长季正是石榴树根系活动的旺盛时期，为防止伤根，中耕宜浅，一般深 5~8 cm。下雨之后应及时中耕，防止土壤板结，增强蓄水、保水能力。

### 5. 间作覆盖

（1）榴园间作。在密植榴园，由于株行距小，不提倡间作除绿肥之外的作物。在稀植榴园，为增加经济收益，可以适当进行间作，特别是幼树和初结果树的行间，树冠的地面覆盖率很低，株间和行间都有一定的土壤空间，利用空闲土地，进行合理间作，既能充分利用土地和光能，又能起到保持水土、抑制杂草、防风固沙、以园养园的作用。

幼龄榴园可利用行间隙地栽植作物。实践证明，间作物的选择对幼龄树的生长发育、早产、丰产有重要影响。幼龄榴园宜间作矮秆作物，不宜间作高秆作物，以免影响榴园光照。要选择与树体需水需肥时期不同和无相同病虫害的作物。秋季不宜间作需水量大的作物和蔬菜，因间作物需水量大，常使树体生长期延长，对越冬不利。间作时，必须与树体保持一定的距离，留出一定的营养面积。营养面积的大小可因树龄和肥水条件而定。新植幼树要留80~100 cm 距离，结果石榴树通常以树冠外缘为限。进入盛果期后，一般应停止间作。

适合榴园间作的作物有豆类、瓜类等浅根矮秆作物。为减少间作物与树体争夺养分，间作时应施足基肥，加强管理。成龄榴园最好间作苕子、苜蓿草、绿豆等绿肥作物，以增加榴园土壤有机质含量，改善土壤结构，提高土壤肥力。

（2）榴园覆盖。榴园覆盖的作用已被实践证实，它具有保水、增温、除草等作用，在干旱地区，榴园覆盖效果更加显著。

1）园艺地布覆盖。一般是在春季整出树盘，浇1次水，追施适量的化肥（依树体大小和土壤营养状况而定），然后盖上园艺地布，四周用土压实封严即可。见图 3-9。

图 3-9　榴园覆盖园艺地布

2）榴园覆草。覆草前先整好树盘、浇 1 遍水，如果覆草未经腐熟，可再追施 1 遍速效氮肥，然后再覆草。覆草一般为秸秆、杂草、锯末、落叶、厩肥、马粪等。覆草厚度以 15~20 cm 为宜，不低于 15 cm，否则起不到保温、保湿、灭草等效果。春、夏、秋均可覆草。成龄榴园可全园覆草，幼龄榴园或草源不足时，可行内覆草或树盘覆草。覆草后要注意以下问题：一是消灭草中害虫。春季配合防治病虫害向草上打药，可起到集中诱杀的作用；二是防止水分过大。覆草后不能盲目灌大水，否则会导致榴园湿度过大，发生早期落叶；三是注意排水。覆草榴园要注意排水，尤其自然降水量较大时；四是注意防火、防风。最好能在草上斑点压土；五是连年覆草。最好连年覆草，否则表层根易遭破坏，导致叶片发黄、树体衰弱等。

3）榴园生草。我国各地榴园土壤管理多是长期清耕，导致榴园土壤理化性质和结构严重受损，榴园土壤有机质及各种元素含量降低，严重影响石榴树根系生长及石榴鲜果产量、品质。多年、多地的小规模试验表明，榴园生草可有效抑制杂草生长，防止山坡、丘陵榴园水土流失，改善榴园土壤结构及土壤微环境，提高榴园土壤肥力，调节榴园小气候，促进石榴果实发育，改善石榴果实品质，尤其是节省榴园除草用工的效果十分显著。见图 3-10。

图 3-10　榴园行间生草

## （二）肥料管理

合理施肥，是有机石榴园管理的重要措施之一。目前很多石榴园施肥量不足或盲目施肥，造成肥力不足或肥料的浪费、污染。

### 1. 施肥种类

（1）基肥。基肥是一年中较长时期供应树体养分的基本肥料，一般以迟效性有机肥为主，混合少量速效化肥，以增快肥效、避免养分流失。有机肥如作物秸秆、堆肥、绿肥、圈肥等，经过腐熟分解，可增加土壤有机质含量，改良土壤结构，提高土壤肥力。

秋季果实采收后至落叶前是施用基肥的最佳时间。此时，正值石榴树根系生长高峰期，结合深翻施入肥料，伤根易愈合，且可促发新根。秋施基肥后，有机肥有较长时间的腐烂分解时间，利于增强根系的吸收、转化能力和贮藏水平，满足第2年春季树体生长发育、开花坐果的需要，能够提高花芽分化的质量和果实品质，还有利于榴园积雪保墒，减轻冬、春季节的干旱危害。

（2）追肥。主要在生长季节施入适量的无机肥。根据石榴树生长状况决定追肥时间、次数、数量。一般榴园1年追肥2~4次。

1）花前肥。萌芽到开花前追肥，主要满足萌芽、新梢生长、开花、坐果需要的大量营养，以此促进新梢生长、减少落花落果、提高坐果率。此次追肥以氮肥为主，配合磷、钾肥等。对于弱树、老树以及花芽多的大树，更要加大追肥量，以促进营养生长和树势转强，提高坐果率。

2）幼果膨大肥。此期施肥主要是促进果实生长。使子粒饱满，提高品质。同时，及时补充树体养分，促进花芽分化，增强光合积累，利于树体抗寒和翌年结果。对幼龄石榴园，为控制旺长，提早结果，施肥时以基肥为主，追肥根据榴园具体情况，适量施用。追肥以速效肥为主，氮、磷、钾配合施用，也可适当配合人粪尿。

（3）根外追肥。把肥料配成低浓度溶液，喷施到石榴叶、枝、果上，不通过土壤，从根外被树体吸收利用。根外追肥优点是用量小、肥效高；可避免肥料中的营养元素被土壤固定；被叶子、果实直接吸收，发挥作用快；不易造成植株徒长，缺什么元素补什么元素，具有较大的灵活性。尽管根外追肥有诸多好处，但因施肥量小，持续时期短，不可能满足石榴树各器官在不同时期对肥料的大量需要。因此，根外追肥只能作为土壤施肥的辅助方法。通常在石榴花期、果实膨大期、根系活动弱而吸收养分不足时，为增大叶面积、加深叶色、增厚叶质以提高光合效率时，或者在某些微量元素不足、引起缺素症时，才进行根外追肥。根外追肥主要使用矿物源肥料。微量元素主要在缺素症出现时才施用（表3-4）。

表3-4 石榴缺素症表现及使用肥料种类

| 缺素类型 | 症状 | 喷施肥料种类 |
| --- | --- | --- |
| 缺氮 | 新梢下部老叶先开始褪色，呈黄绿色，严重时渐波及幼叶，嫩枝枝梢变细，叶变小。一般不出现枝梢枯死。 | 腐熟人粪尿5~10%。 |
| 缺磷 | 老叶呈青铜色，幼嫩部分呈暗绿色，老叶的暗绿色叶脉间呈淡绿色斑纹，茎和叶柄常出现红色，严重时新梢变细，叶小。 | 过磷酸钙0.5~3%。 |
| 缺钾 | 新梢下部老叶黄化或出现黄斑，叶组织呈枯死态，从小斑点发展到成片烧焦状，茎变细，叶变形。 | 1~5%草木灰。 |
| 缺镁 | 最初发生在新梢下部老叶上，下部大叶片出现黄褐色至深褐色斑点，逐渐向上部发展，严重时有落叶现象。最后在新梢先端丛生浅暗绿色叶片。 | 硫酸镁0.3%。 |
| 缺锌 | 新梢先端黄化，叶片小而细；茎细，节间短，叶丛生；严重时从新梢基向上部逐渐落叶。不易成花，果小，畸形。 | 硫酸锌0.1~0.5%。 |

| 缺素类型 | 症状 | 喷施肥料种类 |
|---|---|---|
| 缺钙 | 新梢及幼叶最先发生。新梢先端开始枯死，幼叶部分开始干枯，沿叶尖、叶脉、叶缘开始枯死，而后顶梢枯死。 | 过磷酸钙 0.5~3%。 |
| 缺硼 | 幼叶黄化、厚而脆，卷曲变形；严重时芽枯死并波及嫩梢及短枝；果实易变形，出现褐化干缩凹陷或呈干斑。 | 硼砂 0.1~0.25%。 |
| 缺铁 | 枝梢幼叶严重褪色呈黄白色，叶脉仍保持原来色泽或褪色较慢。 | 硫酸亚铁 0.1~0.4%。 |

### 2. 科学施肥

（1）环状沟施肥。在树冠外缘稍远处，围绕主干挖一环形沟，沟宽 30~50 cm，深 30~40 cm，将肥料与土掺和填入沟内，覆土填平。这种方法可与深翻扩穴结合进行。此法多用于幼树，方法简单，用肥集中。

（2）条状沟施肥。在树冠外缘两侧各挖宽 30~50 cm，深 30~40 cm 的沟，长度以树冠大小而定，将肥料与土掺和均匀，填入沟内覆土。翌年可再施另一侧，年年轮换。

（3）放射沟施肥。在树冠投影内外各 40 cm 左右，顺水平根生长方向，向外挖放射沟 4~6 条，沟宽 30 cm 左右，沟内端深 15~20 cm，外端深 40 cm 左右。沟的形状一般是内窄外宽，内浅外深，这样可减少伤根。将肥料与土混和施入沟内覆土填平。每年挖沟时应注意变换位置。

（4）穴状施肥。在山地、丘陵干旱缺水榴园，或有机肥数量不足的情况下，可采用穴施方法，即在树冠下离主干 1 m 处，或在树冠周围挖深 40~50 cm、直径 40~50 cm 的穴，穴的数目根据树冠大小和肥量而定，一般每隔 50 cm 左右挖 1 个穴，分 1~2 环排列，将肥土混合施入穴内，覆土、填平、浇水。施肥穴每年轮换位置，使榴园土壤得到全面改良。

（5）深施基肥。我国各石榴产区特别是北方产区，施用有机肥多施在榴园土壤表层，长此以往极易引起石榴树根系上浮，其抗旱、抗寒、抗倒伏等能力下降，石榴根结线虫病危害加剧。试验表明，深施有机肥（深度 40 cm 以下）可有效改良榴园土壤结构，增加土壤透气性和蓄水保墒能力，逐步提高肥力，减少石榴根系生长阻力，引导石榴根系向下生长，其根系生长量增加明显，根结线虫病危害下降显著，石榴树能吸收更多的水分和养分，增强其树势和抗性，满足其生长和结果的需要，是提高石榴鲜果产量及品质的重要举措。

（6）穴贮肥水。在干旱区或没有浇水条件的瘠薄干旱榴园，采用穴贮肥水、地膜覆盖技术，是利用有限肥水提高石榴鲜果产量和品质最有效的措施。

（7）栽植、利用绿肥植物。绿肥植物是以其新鲜植物体通过就地翻压、异地施用或经堆沤作为肥料的栽培植物的总称。其主要作用有：保护榴园土壤，丰富土壤营养物质，改良土壤理化性状，增加石榴产量等作用。

1）绿肥植物种类。我国可作绿肥的植物资源极为丰富，目前栽培的绿肥植物主要有紫穗槐、沙打旺、紫云英、毛蔓豆、羽扇豆、小冠花、柽麻、大叶猪屎豆、山黧豆、胡枝子、金花菜、紫花苜蓿、草木犀、红豆草、豌豆、饭豆、四棱豆、葛藤、田菁、三叶草、鼠茅草、香豆子、苕子、毛叶苕子、蚕豆、箭筈豌豆、油菜、黑麦草、肿柄菊、芝麻、满江红、水花生、水葫芦、水浮莲等。

2）绿肥植物利用。当绿肥植物长到一定时期时，可以耕翻、压埋等方式利用。

耕翻绿肥：当园内播种的绿肥植物长到花期或花荚期，用人、畜或机器，直接就地耕翻。这种方法以一年生绿肥或野生杂草为主，需年年播种，年年耕翻。行间宽敞果园可采用此法。

收割压埋：当园内绿肥植物花期或花荚期时进行收割。沿树冠边缘地方开沟，把绿肥植物或杂草埋入沟内，一层绿肥，一层土，最后顶部用土封住。根据植株大小每株可埋入 20~100 kg 不等。这种方法可充分利用榴园行间或榴园空闲地栽培的绿肥植物和自然生长的野草来肥田，又可结合除草灭荒。

收割堆沤：将榴园内外栽植的绿肥植物或野生杂草收割后集中堆沤，以基肥或追肥的形式用于石榴树。

收割覆盖果园：每年让榴园行间栽植的绿肥植物或榴园内的杂草自然生长，然后割倒后撒在果园树盘和行间，3~5 年后耕翻 1次，再重新播种。

（8）测土施肥。石榴为多年生果树，多年的生长、开花、结果，其根系周围土壤中的各种营养元素会出现一定变化，尤其是由于有机质和氮、磷、钾等养分含量减少，需要每年进行施肥补充。测土配方施肥就是以土壤测试和肥料田间试验为基础，根据石榴树体需肥规律以及土壤供肥性能和肥料效应，在合理施用有机肥料的基础上，提出氮、磷、钾及各种中、微量元素等肥料的施用数量、施肥时期和施用方法。实践证明，推广测土配方施肥技术，可以提高肥料利用率 5~10%，增产率一般为 10~15%，高的可达 20% 以上。实行测土配方施肥不但能提高化肥利用率，获得稳产高产，还能改善石榴鲜果质量，是一项增产节肥、节支增收的技术措施。测土配方施肥主要有以下步骤。第 1 步，采集土样、化验土壤；第 2步，确定配方、加工配方肥；第 3 步，按方购肥；第 4 步，科学施肥、田间监测；第 5 步，修订配方。

## （三）水分管理

### 1. 灌水时期

石榴树较耐旱，但为了保证石榴树健壮生长和石榴果实的正常生长发育，达到丰产优质，就必须满足其水分的需求。尤其在需水高峰期，要根据不同土壤条件、天气和品种特性，进行适时、适量灌水。一般 1 年灌水 3 次。

（1）花前灌水。也叫花前水，主要在发芽前后。植株萌芽、抽生新梢，需要大量的水分。特别是干旱缺雨地区，早春土壤容易干旱，头一年贮存的养分不能够有效地运输利用。此期灌水，有利于根系吸水，促进树体萌发和新梢迅速生长，提高坐果率。因此，花前水对当年的丰产有着极其重要的作用。如果旱情严重，浇萌芽水后，最好采用覆盖塑料薄膜的形式保水。山地梯田、丘陵坡地，采用地膜覆盖，可明显地减少水土流失和养分淋失，节水保墒效果显著。

（2）花后及幼果膨大期灌水。石榴花期较长，分头茬花、二茬花和三茬花，消耗水分较多。为促进坐果，促使幼果正常发育，可在头茬、二茬果实开始膨大时灌水，对促进石榴果实发育十分重要。

（3）封冻前灌水。土壤封冻之前浇水，能促进根系生长，增强根系对肥料的吸收和利用，可以提高树体的抗寒、抗冻、抗春旱能力。

### 2. 灌溉技术

以节约用水、提高效率、减少土壤流失为原则，确定灌水技术和方式方法。

（1）沟灌。在榴园行间，开挖深 20~30 cm、宽 30~40 cm 的灌水沟，沟的形式有条状沟（密植榴园行间开 1 条沟，稀植榴园可根据行间距和土壤质地确定开沟条数）、井字沟（榴园行间和株间纵横开沟形成"井"字形）、轮状沟（沿石榴树冠外缘挖一环状沟与水道相连）等。

（2）盘灌。以石榴树主干为圆心，在石榴树冠投影内，以土埂围成圆盘，与灌溉沟相连，使水流入树盘内。

（3）穴灌。在石榴树冠投影外缘，挖直径 30 cm 左右、深度以不伤大根为宜的灌溉穴，将水灌入穴内，灌满为止。穴的数量以树冠大小而定，一般 8~12 个。

（4）喷灌。可在榴园内设置固定管道，安设闸门和喷头自动喷灌。喷灌能节约用水，并可改变榴园内小气候、防止土壤板结。也可采用龙带微喷的方式，该方法灌溉速度快、投入成本低、节水效果好。

（5）滴灌。在榴园内设立地下管道，分主管道、支管和毛管，毛管上安装滴水头。将水压入高处水塔，开启闸门，水则顺着毛管缓缓滴入土中。该法节水效果显著、土壤不板结、推广价值较高。

（6）漫灌。把水引入榴园，使水顺着石榴树行间或山坡等高线漫灌。此法省事，但浪费水，易造成水土流失，且地稍有不平，就会造成积水，浇后土壤容易板结。

### 3. 节水栽培

我国大部分石榴园建在干旱、半干旱地区。为实现丰产、稳产、优质，一方面要保证水分及时供应，另一方面还要注意节水。

石榴节水栽培要从两方面考虑：一方面要减少有限水资源的损

失和浪费；另一方面，要提高水资源的利用率。要在完善榴园上游水土保持工程的同时，防止水源和输水渠道的渗漏，或采用管道化输水以及改良土壤、地面覆盖等措施，来达到节水的目的。

不同灌溉技术，节水效果大不相同，滴灌、地下灌溉节水效果最好，喷灌次之，漫灌最浪费。因此，有条件的地区尽量采用滴灌和喷灌技术。表面灌溉时，为节约用水，可采用细流沟灌，并结合地面覆盖（用秸秆、地膜等材料），可有效减少地面水分蒸发，尤其是地膜覆盖，效果更佳。

### (四) 整形修剪

#### 1. 改多干树形为单干树形

我国石榴树传统栽植和整形方式以"多干形"为主，进入盛果期后，容易出现严重的榴园郁闭、光照不良、内膛光秃、石榴鲜果品质下降。依据石榴树生长结果习性，借鉴苹果、梨、大枣等果树栽植和整形的方式方法，采用主干疏层形、小冠疏层形、纺锤形等单干树形，进行栽植和整形。试验表明，该方法操作简单，三年可成型，五年可丰产，榴园通风透光良好，各种管理方便、节约。

#### 2. 改"金字塔"树形为"倒金字塔"或"伞"型树形

具体方法是：石榴苗木定植后在 80~100cm 处定干，剪口处春天萌发的枝条原则均予以保留，然后向轻剪、省力化方向的"倒金字塔"树形发展、培养。无论整成何种树形，单株树形成型后最理想的树形是"倒金字塔"形或"伞"形，此种树形有利于为石榴果实遮阴，能够有效防止石榴"日灼病"的发生。见图 3-11、图 3-12。

图 3-11 石榴树"倒金字塔"或
"伞"形树形

图 3-12 石榴树"倒金字
塔"或"伞"形树形

### 3. 改冬春夏秋四季修剪为夏季修剪为主

我国石榴树修剪多在冬春季节进行。但由于石榴树对修剪反应

图 3-13 石榴树夏季修剪前树姿

十分敏感,冬春修剪后剪口处萌芽增多,加剧了石榴树营养生长与生殖生长的矛盾,影响了座果,恶化了光照,降低了品质,还增加了春、夏、秋三季修剪用工。现代石榴生产则更侧重于夏剪控制。为此,应彻底摒弃传统的冬春修剪,仅在石榴生理落果后至8月初,进行一次以"疏枝、撸枝、除萌"为主的夏季修剪,可以收到节省用工(省工1/3~1/2)、

改善光照、提高品质等效果。见图 3–13。

### 4. 改"撑拉别扭圈，割剥扎绞摘"为"撸枝疏枝除萌"

目前，我国石榴树整形修剪的方法多是"一年四季均进行，'撑拉别扭圈，割剥扎绞摘'一起上"。随着劳动力成本的大幅度上升，技艺要求高且费时费力的传统整形修剪方法面临严峻挑战。近几年，我们充分利用石榴枝条具有"韧性好、可塑性强"的优势，在石榴枝条半木质化至木质化初期这一段时间，依据整形需要，通过"撸枝"，调整拟保留枝干的角度以及方向，并疏除多余枝条，重点培养树形，控制其生长及树势，促使树体养分朝有利于开花结果的方向转变。该方法具有操作方便、省工省物、快速成型、早期丰产等优点，很有推广价值。如图 3–14。

图 3–14　石榴树夏季修剪后树姿

### 5. 改"二稀二密"为"二密二稀"

即，通过整形修剪，改石榴树"上稀下密、外稀内密"为"上密下稀、外密内稀"。目的正如农谚所言："桃南杏北梨东西；石榴藏在枝叶里"，以确保石榴果实在整个生长期均在树荫下，以此预防石榴"日灼病"的发生。见图 3–15。

图3-15　桃南杏北梨东西，石榴藏在枝叶里

## （五）花果管理

石榴花量大，双花、三花、多花现象很普遍，以至双果、三果、多果现象也很普遍。同时，花期长，分为头茬、二茬、三茬花，故落花落果现象也很严重。目前，石榴生产上很多果农一味的保花保果、维持高产，势必造成优质果率不高，直接影响果品品质和售价。现代石榴栽培的意义在于能够开好花、结好果。花果管理是现代石榴栽培中的重要措施。采用适宜的花果管理技术，是石榴连年丰年、稳产、优质的保证。

石榴生产中，合理的负载量是果实优质的前提。树体积累养分是一定的，如果负载太多，会导致果个小、售价低；若负载少，尽管果个大、品质好，但终因产量低，导致效益也不会很高。生产中果实负载量的调整主要靠两种途径来完成：一是保花保果，二是疏花疏果。

## 1. 保花保果

石榴树花量大、花期阴雨、温度低于 29 ℃时，就会出现严重的落花落果现象。提高石榴树坐果率的主要措施有：

（1）抑制营养生长，调节生长与结果的矛盾。石榴开花前，主要实施摘心、除萌、扭梢等措施，促进石榴花器发育，提高完全花比率，促进坐果。

（2）花前追肥。在新梢生长高峰期，树体需要大量养分，要及时给予补充，以促进营养生长，增强光合作用，增加正常花数量。此期以追施氮肥为主，配合施用磷肥。对衰老树和结果过多的大树，应加大追肥量；对过旺的徒长性幼树、旺树，追肥时可以少施或不施氮肥，以免引起枝叶徒长，加重落花落果。

（3）喷施微量元素，刺激花器发育。花期喷施 0.2% 的硼砂或硼酸，配合喷施 0.2% 有机速效氮，可以促进花粉萌发、花粉管伸长，有利于充分受精，明显提高坐果率。

（4）人工辅助授粉。在气候不良的情况下，昆虫活动受到限制，可采用人工辅助授粉，可以促进授粉、增加坐果。

（5）果园放蜂。蜜蜂是传粉的优良媒介，石榴花期放蜂也可以促进授粉、增加坐果。

（6）防治病虫害。在石榴幼果膨大期应及时防治桃蛀螟，也是保花保果的重要举措。

## 2. 疏花疏果

合理的疏花疏果，可以保证连年丰产、稳产，提高石榴果实品质，还可以保证树体健壮生长，提高树体养分贮藏水平，从而增强石榴树抗寒、抗病能力。

（1）疏花疏果原则、依据。① 分次进行；② 成熟期。早熟品种宜早定果，中、晚熟品种可以适当推迟几天；③ 坐果率。坐果率高的品种多疏，坐果率低的品种少疏或只疏果不疏花；④ 人工疏除。最好是人工疏除，劳力极缺时可以考虑其他方法疏花疏果；⑤ 树势、枝势。壮树、壮枝多留，弱树、弱枝少留，临时性枝多留，永久性骨干枝少留；⑥ 单果重。根据石榴平均单果重，在果枝上按一定距离均匀留果。一般平均 20 cm 可留 1 个果。大型果间距可略大一些，中型果间距适当小一些；⑦ 树龄。幼树少留，成龄树多留，衰老期树少留。

（2）疏花疏果时期。疏花疏果进行越早，节约贮藏的养分就越多，对树体及果实生长也越有利。从肉眼可以分辨出正常花蕾与退化花蕾时起，到盛花期结束，均可疏蕾、疏花。幼果坐稳后，再根据坐果多少、坐果位置，进行疏果。留果量要比理论留果数多 15~20%，最后根据果实在树冠的分布情况进行定果。

（3）疏花疏果方法。首先摘除外形较小的退化花蕾和花朵，保留正常花，尤其注意疏除树冠上部及外围的花、果，多保留树冠下部以及树冠内膛的花蕾、花朵、幼果。

### 3. 果实管理

疏花疏果完成以后，为了提高石榴的优质高档果率，还要尽可能地采取各种措施，提高果实品质。

（1）进一步落实定果工作，以树定产，以产定果。在坐果率一定的前提下，通过后期疏果、定果，严格控制结果数量，确保提高单果质量等。定果工作可以从萼筒变绿、果实开始膨大时进行。定果时应首先疏除病虫果、畸形果，选留头茬果，留足二茬果，疏除三茬、末茬果。定果时，为保证留果数量适中，应本着"依株定产、依产定果、分枝负担"的原则进行。最后将定下的果数,按主枝大小、强弱,合理分配。为避免病虫害、机械损伤、自然灾害等原因造成的落果,留果数目可以适当多于理论数。这样的计算并非每株都要进行,只要做上几株,心中有数,即可全园铺开。

（2）树下铺反光膜。在树下铺反光膜,除具有抑制杂草、保持水分等作用外,还可以显著改善树冠下部、内膛光照条件,生产出全红、优质的石榴鲜果。

记　事

# 第四章

# 有机石榴病虫草等危害的防控

石榴病害、生理性病害、虫害、草害、冻害、鸟害等的防治工作，是有机石榴生产的重要保证，生产中必须认真对待。

# 一、有机石榴主要病害与防治

## （一）石榴干腐病

### 1. 病原

系真菌性病害，属半知菌亚门，鲜壳孢属。高温、多雨以及石榴蛀果害虫的危害，容易造成石榴干腐病的发生与发展。

### 2. 危害与症状

主要危害石榴花、花梗和果实。在蕾期、花期发病，花冠变褐，花萼产生黑褐色椭圆形凹陷小斑。幼果发病首先在表面发生豆粒状、大小不规则的浅褐色病斑，逐渐扩展为中

图4-1　石榴干腐病

间深褐、边缘浅褐的凹陷病斑，再深入果内，直至整个果实变褐腐烂。花期和幼果期严重受害后造成早期落花落果；果实膨大期至初熟期，则不再落果，而干缩成僵果悬挂在枝梢。见图 4-1。

### 3. 防治方法

（1）加强栽培管理，提高石榴树体抗病能力。

（2）清洁果园。冬季宜将病枝、烂果、落叶等清除干净；夏季要随时摘除病、落果，深埋或烧毁。

（3）早春喷 3~5° Be 石硫合剂，5—8 月间喷 1∶1∶160 的波尔多液，每 15~20 天喷 1 次；采果后及时喷一次 1∶1∶160 的波尔多液。

（4）注意保护树体，防治受冻或受伤。

（5）果实套袋。

（6）发病初期喷施 2% 氨基寡糖素水剂 1 000 倍液、0.5% 苦参碱水剂 1 000 倍液或 0.5% 小檗碱水剂 500~600 倍液均可。

## （二）石榴褐斑病

### 1. 病原

系真菌性病害，属半知菌亚门，丝孢目，尾孢属。

### 2. 危害与症状

主要为害石榴叶片、果实。发病初期，叶面上会产生针眼儿大小的斑点，呈紫红色，边缘有绿圈，而后逐渐扩展为圆形、多角形或不规则形。病斑颜色呈红褐色、灰褐色或黑褐色，有时边缘呈黑褐色，病斑的两面着生细小的黑色霉点。病斑常连接成片，使叶片干枯。受害严重的植株，叶片发黄，手触即落。见图 4-2，

图4-3。

图 4-2 石榴褐斑病—叶　　　　图 4-3 石榴褐斑病—果

### 3.防治方法

（1）选用适合当地而又具有抗病性的品种栽植。

（2）加强栽培管理，合理修剪，增强树势。

（3）冬季清园时，清除病果、落叶、枯枝，集中烧毁，以减少病菌源。

（4）合理灌溉，雨后及时排水，防止湿气滞留，增强树体抗病能力。

（5）在发芽前喷布 3~5° Be 石硫合剂；发芽后喷洒 1：1：140 的波尔多液。

（6）发病初期喷施 2% 氨基寡糖素水剂 1 000 倍液、0.5% 苦参碱水剂 1 000 倍液或 0.5% 小檗碱水剂 500~600 倍液均可。

## （三）石榴果腐病

### 1.病原

病原包括 3 种：褐腐病菌，约占 29%；酵母菌，约占 55%；杂菌（主要是青霉和绿霉），约占 16%。

## 2. 危害与症状

主要危害石榴果实，亦可侵害花器、果梗、枝条。

由褐腐病菌侵染造成的果腐，多在石榴近成熟期发生。发病初期果皮上生淡褐色水浸状斑，迅速扩大，以后病部出现灰褐色霉层，内部籽粒随之腐坏。病果常干缩成深褐色至黑色的僵果悬挂于树上不脱落。病株枝条上可形成溃疡斑。

由酵母菌侵染造成的发酵果也在石榴近成熟期出现，贮运期可进一步发生。病果初期外观无明显症状，仅局部果皮微现淡红色，剥开淡红色部位可见果瓤变红，子粒开始腐烂；后期，整果内部腐坏并充满红褐色带浓香味浆汁。用浆汁涂片镜检可见大量酵母菌。病果常迅速脱落。

自然裂果或果皮伤口处受多种杂菌的侵染，由裂口部位开始腐烂，直至全果，阴雨天气尤为严重。果腐病的突出症状除一部分干缩成僵果悬挂于树上不脱落外，多数果皮糟软，籽粒及隔膜腐烂，对果皮稍加挤压，就可流出黄褐色汁液，至整果烂掉，失去食用价值。

## 3. 防治方法

（1）及时清除病果并深埋，减少病原。

（2）注意疏枝，防止枝叶过密。

（3）雨季注意排水，降低榴园湿度。

（4）发病初期喷施 2% 氨基寡糖素水剂 1 000 倍液、0.5% 苦参碱水剂 1 000 倍液或 0.5% 小檗碱水剂 500~600 倍液均可。

## （四）石榴蒂腐病

### 1. 病原

属半知菌类真菌，石榴拟茎点霉菌。

### 2. 危害与症状

主要危害石榴果实。病部变褐呈水渍状软腐，后期病部生出黑色小粒点，即病原菌分生孢子器。见图4-4。

### 3. 防治方法

（1）加强榴园肥水管理，健壮树势。

（2）雨后及时排水、中耕松土，降低榴园湿度。

图4-4　石榴蒂腐病

（3）发病初期喷施2%氨基寡糖素水剂1 000倍液、0.5%苦参碱水剂1 000倍液或0.5%小檗碱水剂500~600倍液均可。

## （五）石榴疮痂病

### 1. 病原

属半知菌类真菌，石榴痂圆孢菌。

### 2. 危害与症状

主要危害石榴枝干、果实和花萼。病斑主要出现在自然孔口

图4-5 石榴疮痂病

处，初呈水湿状，渐变为红褐色、紫褐色直至黑褐色，单个病斑圆形至椭圆形，直径 2~5 mm，后期多斑融合成不规则疮痂状，粗糙，严重的龟裂，粗糙坚硬，甚至露出韧皮部或木质部，直径 10~30 mm 或更大。湿度大时，病斑内产生淡红色粉状物，即病原菌的分生孢子盘和分生孢子。见图4-5。

### 3. 防治方法

（1）选用抗病品种，调入苗木或接穗时要严格检疫。

（2）发现病果及时摘除，结合修剪，剪除病枝、病果，刮除病疤；清理榴园枯枝落叶，集中销毁或深埋。

（3）加强肥水管理，增强树势，提高树体抗病能力。

（4）发病初期喷施2%氨基寡糖素水剂1 000倍液、0.5%苦参碱水剂1 000倍液或0.5%小檗碱水剂500~600倍液均可。

## （六）石榴麻皮病

### 1. 病原

一种综合性病害，系多种真菌感染造成，致使果皮变麻。病因复杂，主要由疮痂病、干腐病、日灼病、蓟马等危害所致。

## 2.危害与症状

石榴幼果期开始出现小麻斑，随果实膨大，麻皮面积越来越大，果皮粗糙，失去原有色泽，影响外观，轻者降低商品价值，重者烂果。

## 3.防治方法

（1）结合修剪，清除病虫枝、果、叶并集中进行销毁。

（2）春季萌芽前（日最高气温稳定在20℃时），对树体喷洒3~5°Be石硫合剂。

（3）幼果期是防治石榴麻皮病的关键时期，主要防治好蚜虫、蓟马、绿盲蝽、疮痂病、干腐病等。

（4）套袋。对树冠上部和外围的石榴果实，用白色木浆纸袋进行套袋，既防其他病虫，也可有效防治日灼病。采果前10~15d去袋。

（5）发病时喷施4%鱼藤酮乳油400倍液。

## （七）石榴煤污病

### 1.病原

属半知菌类真菌。

### 2.危害与症状

主要为害石榴叶片和果实。叶片或果实染病后，产生棕褐色或深褐色污斑，边缘不明显，像煤斑，病斑有4种类型：分枝型、裂缝型、小点型及煤污型。菌丝层极薄，一擦即去。该病发生主要诱因是昆虫在石榴叶片或果实上取食排泄粪便及其分泌物造成。此

外，通风透光不良、温度高、湿气滞留等情况下发病重。

### 3. 防治方法

（1）种植不要过密，适当修剪，保持良好的通风透光条件，降低榴园湿度，切忌榴园环境湿闷。

（2）6—9月，喷施1∶1∶180的波尔多液2~3次。

（3）春季萌芽前（日最高气温稳定在20℃时），对树体喷施3~5° Be 石硫合剂。

（4）及时防治各类蚜虫、蚧壳虫。

（5）发病初期喷施2%氨基寡糖素水剂1 000倍液、0.5%苦参碱水剂1 000倍液或0.5%小檗碱水剂500~600倍液均可。

## （八）石榴黑霉病

### 1. 病原

属半知菌类真菌，枝孢黑霉菌。

### 2. 危害与症状

石榴果实初生褐色斑，后逐渐扩大，略凹陷，边缘稍凸起，湿度大时病斑上长出绿褐色霉层，即病原菌的分生孢子梗和分生孢子。

### 3. 防治方法

（1）调节榴园小气候，及时灌、排水，通风透光，防湿气滞留。

（2）及时防治蚜虫、粉虱及介壳虫。

（3）发病初期喷施2%氨基寡糖素水剂1 000倍液、0.5%苦参碱水剂 1 000 倍液或 0.5% 小檗碱水剂 500~600 倍液均可。

（4）在石榴果实贮运过程中，注意通风，并在贮藏场所、运输工具喷洒上述杀菌剂预防。

## （九）石榴茎基枯病

### 1. 病原

属半知菌类，大茎点属真菌。

### 2. 危害与症状

危害石榴枝条或主干。发病时，枝干基部产生圆形或椭圆形病斑，树皮翘裂，树皮表面分布点状突起孢子堆。病斑处木质部由外及内、由小到大，逐渐变黑干枯，输导组织失去功能。

### 3. 防治方法

（1）冬季刮树皮、石灰水涂干、剪除病果及病虫枯弱枝。

（2）发病初期喷施 2% 氨基寡糖素水剂 1 000 倍液、0.5% 苦参碱水剂 1 000 倍液或 0.5% 小檗碱水剂 500~600 倍液均可。

## （十）石榴枝枯病

### 1. 病原

有两种，一种是石榴白孔壳蕉菌，另一种是石榴枝生单毛孢菌。

### 2. 危害与症状

危害石榴苗木嫩茎及幼枝条。基部呈圆周状干缩，树皮变灰褐。病重树春季不能正常发芽，或推迟发芽。有些春季发芽后，叶

片逐渐凋萎死亡，不易脱落，病枝木质部髓腔变黑褐色，其输导功能丧失。

### 3. 防治方法

同石榴茎基枯病。

## （十一）石榴枯萎病

### 1. 病原

病原菌为甘薯长喙壳菌。

### 2. 危害与症状

危害石榴枝干。发病初期，在树干基部呈细微纵向开裂，剥开皮部可见木质部变色，其横截面可见放射状暗红色、紫褐色至深褐色或黑色病斑。少数枝条上叶片发生黄化和萎蔫；发病中期，在树干不同高度部位可见梭形病斑开裂，呈逆时针螺旋式向上蔓延，此时病树叶片开始变黄和萎蔫，树梢部位开始落叶；发病后期，受害植株叶片全部凋落，枝条枯萎或整树枯死。根部受害症状表现为主根或侧根表面产生黑褐色梭状病斑，其上产生黑褐色霉层，肉眼可见黑色毛状物。病根横截面呈黑褐色放射状变色，严重时根部腐烂坏死。

### 3. 防治方法

（1）选择未发生石榴枯萎病榴园的健康石榴枝条作为插条进行扩繁。

（2）合理密植，慎用氮肥，多施农家肥，提高土壤有机质含量。

（3）提倡免耕。春秋可进行浅耕。

（4）根部施肥时，尽可能减少对根系的伤害。

（5）对修剪、松土工具适时消毒，尤其是连续在不同果园间进行农事操作时必须进行消毒，可用开水煮沸 15~20min。

（6）对于确诊发病的石榴树，应及时、彻底刨根挖除，所有病枝、病根集中烧毁，并施用生石灰对病树穴进行消毒。

（7）合理修剪，疏花疏果，间种绿肥，增强树势。

（8）采用"根腐消"（枯草芽胞杆菌）进行土壤处理，可起到一定的预防作用。采用树体茎干输液，以及刮皮涂抹、包茎施药也是一种有效的方法。

（9）发病初期喷施 2% 氨基寡糖素水剂 1 000 倍液、0.5% 苦参碱水剂 1 000 倍液或 0.5% 小檗碱水剂 500~600 倍液均可。

## （十二）石榴根结线虫病

### 1. 病原

主要有南方根结线虫、北方根结线虫和花生根结线虫。

### 2. 危害与症状

危害石榴根系。发病初期根瘤较小，白色至黄白色，以后继续扩大，呈结节状或鸡爪状，黄褐色，表面粗糙，易腐烂。发病树体的根较健康树体的短，侧根和须根很少，发育差。染病较轻的树体，地上部分症状不明显；危害较重的树体才表现出树势衰弱的症状，即抽梢少、叶片小而黄化、无光泽，开花多而结果少，果实小，产量低，与营养不良和干旱表现的症状相似。该病为干腐病的发生创造了条件，抗旱能力降低，遇低温易受冻害，甚至会引起整株死亡。见图 4-6。

图4-6　石榴根结线虫病

### 3.防治方法

（1）及时清除病残体。

当发现榴园中有病株时一定要彻底及时地清出果园，集中烧毁。将定植穴挖开暴晒1个月，并用生石灰消毒后才能重新定植。

（2）多施、深施有机肥，提高石榴树体抗性。

（3）在干旱季节小水勤浇，保持根部湿润，促进树体生长。

（4）增施钾肥，增强树体抗逆性。

（5）在榴园种植万寿菊等拮抗植物，控制线虫危害。

（6）选用抗根结线虫病的石榴品种做砧木。

## 二、有机石榴主要生理性病害与防治

### （一）石榴裂果

#### 1.症状

在石榴果实整个发育期，都存在裂果现象，但主要在后期及成熟前裂果。裂果后果面形成伤口，加剧病菌侵染直至烂果，果实降低甚至失去商品价值，造成巨大的经济损失。见图4-7。

**2. 原因**

石榴裂果与品种、果实生长期水分及肥料供应均衡度、成熟期降水多少等诸多因素有关。

**3. 防治**

（1）选择抗裂果品种，如'秋艳'。

（2）树盘覆盖。坐果后，在树盘范围内盖塑料薄膜或草，既可减轻土壤板结，又可抑制杂草危害，还可减少水分蒸发，保持土壤湿度和水分均衡供应，促进果皮、籽粒均衡发育。

（3）少施氮肥，叶喷微肥。果实发育后期，少施或控施氮肥。同时，叶面喷施矿物源钙肥，均有减轻和防止裂果的作用。

（4）及时、分批采收。石榴花期长、分批开，果实发育时期也不同。因此，在采收时应分批进行，先采头茬果，再采二茬果，不要等到二茬果全部成熟时一起采摘。

图4-7 石榴裂果

# （二）石榴日灼

**1. 症状**

发病初期果皮光泽暗淡，并有浅褐色的油渍状斑点出现，进而

变成褐色、赤褐色、黑褐色大块病斑。发病后期，病部出现轻微凹陷，脱水后病部变硬，病斑中部出现米粒大小的灰色瘤状突起，其内部果皮变褐、坏死，最后果实部分或整体腐烂石榴

**图 4-8　石榴日灼**

果实发生日灼后，容易被病原菌侵染而诱发其他病害。见图 4-8。

### 2. 防治

（1）选用抗日灼品种。不同石榴品种，抗日灼能力差异显著，红皮、紫皮品种最抗日灼，白皮次之，青皮品种最不抗日灼。因此，在发展上应注意选择综合性状优良的红皮、紫皮品种。

（2）合理密植。通过合理密植，利用较多枝叶为石榴果实遮挡强光，防止果实灼伤。

（3）改革树形。将树形整成"倒金字塔"或"伞"型，此种树形能为石榴果实遮阴，可有效防止石榴日灼的发生。彻底摒弃开心形树形，此种树形无主干，光照直射内膛，易使暴露在枝叶外的果实被灼伤。

（4）科学修剪。通过科学修剪，使石榴树达到"上密下稀、外密内稀、大枝密小枝稀"，以确保石榴果实在树荫下生长，可有效预防石榴日灼的发生。

（5）选择定果。在选定幼果时，应多留"叶下果"，不留叶上的"朝天果"，疏去过晚的"7月果"以及细长枝梢顶端的"打锣果"。

（6）果实套袋。果实套袋可以显著降低日灼的发生。纸袋在幼果期套，塑膜袋在8月天气渐凉时套。

（7）适时灌水，增加湿度，降低温度，对石榴日灼有一定的预防作用。

（8）配合喷药。利用白色反光、降温的原理，结合防治石榴干腐病、早期落叶病，在6—8月喷布1∶1∶160的波尔多液3~4次，对于防治日灼有一定的作用；在可能出现炎热、易发生日灼的天气，午前喷水也有一定的预防作用。

# 三、有机石榴主要虫害与防治

## （一）桃蛀螟

又名桃蠹螟、桃实螟蛾、豹纹蛾。属鳞翅目，螟蛾科，蛀野螟属。见图4-9。

### 1. 危害症状

石榴树最主要的果实害虫，石榴受其危害，果实腐烂、造成落果或

图4-9　桃蛀螟幼虫

干果挂在树上，失去食用价值。幼虫一般从花或果的萼筒、果与果、果与叶、果与枝的接触处钻入。卵、幼虫发生盛期一般与石榴

**图 4-10　桃蛀螟危害状**

开花、坐果期基本一致。见图 4-10。

## 2.防治方法

（1）结合修剪，清理榴园杂草、石榴树翘皮，集中烧毁，减少虫源；采果后至萌芽前，清除树上和树下僵果、病虫果，集中烧毁或深埋，以消灭越冬幼虫及蛹。

（2）诱杀成虫。利用成虫趋性，在园内设置黑光灯、频振式杀虫灯、糖醋液、性引诱剂等诱杀成虫；树干扎草绳，诱集幼虫和蛹，集中消灭。

（3）在榴园内或四周种植诱集作物如玉米、向日葵，引诱成虫在花盘上产卵，定期集中消灭花盘上的卵块，减轻对石榴的危害，园内每亩种 20~30 株诱集作物即可。

（4）果实套袋。石榴坐果后即可进行套袋，可有效防止桃蛀螟对石榴果实的危害。

（5）果园内放养鸡，啄食脱果幼虫。

（6）释放天敌，如绒茧蜂、广大腿小蜂、抱缘姬蜂。

（7）白僵菌黏膏堵塞萼筒。

## （二）桃小食心虫

又名桃蛀果蛾、桃蛀心虫、桃蛀野螟、桃实螟，简称"桃小"。属鳞翅目，果蛀蛾科，小食心虫属。

### 1. 危害症状

桃小食心虫成虫主要在石榴果面上产卵，一般每个果上只产 1 粒卵。幼虫孵化后很快蛀入果内，蛀入孔微小，不易被发现。四五天后，被蛀果实沿蛀入孔出现直径约 3cm 的近圆形浅红色晕，以后加深至桃红色，在背阴的果面上此红晕尤为明显。幼虫蛀入石榴后朝向果心或在果皮下取食籽粒，虫粪留在果内，直到幼虫老熟将要脱果三四天前才从脱果孔向外排粪便，粪便粘附在孔口周围，此时虫果最易被发现。幼虫脱果后，果内因堆积有虫粪常引起腐烂脱落，未腐烂的虫果一般不脱落。

### 2. 防治方法

树下防治为主，树上防治为辅。

（1）在越冬幼虫出土前，将树根颈基部土壤扒开 13~16cm，刮除贴附表面的越冬茧。另外，用宽幅地膜覆盖在树盘地面上，防止越冬代成虫飞出产卵。在越冬幼虫连续出土后，用直径 2.5mm 的筛子筛除距树干 1m、深 14cm 范围内土壤中的冬茧。在幼虫出土和脱果前，清除树盘内的杂草及其他覆盖物，整平地面，堆放石块诱集幼虫，然后随时捕捉。

（2）在园中设置 500μg 桃小性外激素水碗诱捕器，诱杀成虫。

（3）在桃小越代成虫发生盛期，释放桃小寄生蜂。在幼虫初孵期，使用桃小性引诱剂在越冬代成虫发生期进行诱杀。

（4）药剂防治。幼虫初孵期喷施 1.2% 苦参碱·烟碱水剂、0.6% 苦参碱·小檗碱水剂 1 000 倍液、1% 苦参碱·印楝素乳油或 0.2% 苦参碱水剂 +1.8% 鱼藤酮乳油桶混剂均可。白僵菌高效菌株 B-66 处理地面，可使桃小出土幼虫大量感病死亡；用苏云金芽孢

杆菌商品制剂稀释 1 000 倍后喷雾；利用病原线虫即芫菁夜蛾线虫悬液（1ml 含线虫 1 000~2 000 条）喷布石榴果实。

## （三）棉蚜

又名蜜虫、腻虫、雨旱。属同翅目，蚜科，蚜属。见图 4-11。

图 4-11　棉蚜

### 1. 危害

主要危害嫩芽、叶、花蕾。

### 2. 防治方法

（1）人工防治。在秋末冬初刮除翘裂树皮，清楚榴园内枯枝落叶及杂草，消灭越冬场所；安装频振式杀虫灯进行诱杀，注意避开天敌的活动时间；挂黄色粘虫板诱捕和诱杀。

（2）保护和利用天敌。果园附近种植油菜、芝麻、紫花苜蓿等蜜源植物，为天敌提供活动、繁殖场所；在蚜虫发生危害期间，瓢虫等天敌对蚜虫有一定的控制作用，施药防治要注意保护天敌。

（3）药剂防治。幼虫发生期喷施 1% 苦参碱水剂 1 000~1 500 倍液、1% 血根碱可湿性粉剂 1 500~2 500 倍液、0.5% 藜芦碱醇水剂 400~600 倍液或 4% 鱼藤酮乳油 400 倍液均可。

## （四）绿盲蝽

又名棉青盲蝽、花叶虫。属半翅目、盲蝽科。

### 1. 危害症状

以若虫和成虫的刺吸式口器危害石榴的幼芽、嫩叶及果实。被害的幼嫩芽叶后期变成黑色小点，局部组织皱缩死亡。幼果被害后，果面上出现黑褐色水渍状斑点，造成僵化脱落，对产量和质量影响极大。见图4-12。

图4-12 绿盲蝽危害状

### 2. 防治方法

（1）不与桃等果树混栽，避免害虫传播到石榴树。

（2）秋、冬、春结合施肥，清除榴园杂草、落叶，集中烧掉或深埋，消灭越冬虫卵。

（3）安装频振式杀虫灯进行诱杀，注意避开天敌的活动时间。

（4）树干环涂一圈机油乳剂，阻止绿盲蝽上树为害。

（5）榴园生草，培养天敌。充分利用天敌杀虫，如寄生螨、草蛉、小花蝽及寄生蜂等。

（6）药剂防治。成虫产卵期和若虫期喷施1%血根碱可湿性粉剂1 500~2 500倍液、0.5%引楝素乳油800~1 000倍液、0.2%苦皮藤素乳油1 000倍液或30%增效烟碱乳油150倍液均可。

## （五）麻皮蝽

又名黄斑蝽、麻蝽象、麻纹蝽、臭大姐。属半翅目，蝽科，麻皮蝽属。

### 1. 危害症状

以成虫、若虫刺吸石榴树体的嫩茎、嫩叶和果实汁液。叶片和嫩茎被害后出现黄褐色斑点，叶脉变黑，叶肉组织颜色变暗，严重者导致叶片提早脱落，嫩茎枯死。

### 2. 防治方法

（1）秋冬清除园地枯叶杂草，集中烧毁或深埋。

（2）成虫、若虫危害期，清晨震落捕杀，要在成虫产卵前进行。

（3）药剂防治。成虫产卵期和若虫期喷施 1% 血根碱可湿性粉剂 1 500~2 500 倍液、0.5% 楝素乳油 800~1 000 倍液、0.2% 苦皮藤素乳油 1 000 倍液或 30% 增效烟碱乳油 150 倍液均可。

## （六）蓟马

又名棉蓟马、葱蓟马、瓜蓟马。属缨翅目，蓟马科。

### 1. 危害症状

以成虫、若虫在叶背吸食汁液，使叶面出现灰白色细密斑点或局部枯死，影响生长发育。同时，危害花蕾和幼果，常导致蕾、果脱落。

## 2.防治方法

（1）清除园地周围杂草及枯枝落叶，以减少虫源。

（2）挂黄色粘虫板诱捕和诱杀。

（3）尝试与花生邻作，用花生来诱集害虫。

（4）种植先于石榴开花的紫花芍等绿肥植物来吸引害虫，之后将其连同植株一同杀灭。

（5）释放捕食性天敌，如半翅目的椿科和捕食螨。

（6）药剂防治。若虫初期喷施 0.5% 藜芦碱醇水剂 400~600 倍液、0.5% 苦参碱水剂 1 000 倍液或 4% 鱼藤酮乳油 400 倍液均可。

## （七）巾夜蛾

属鳞翅目，夜蛾科。见图 4-13。

### 1.危害症状

以幼虫为害石榴嫩芽、幼叶和成叶，发生较轻时咬成许多孔洞和缺刻，发生严重时能将叶片吃光，最后只剩主脉和叶柄。

图 4-13 石榴巾夜蛾

### 2.防治方法

（1）在榴园边有计划地栽种木防己、汉防己、通草、十大功劳、飞扬草等寄主植物，引诱成虫产卵，孵出幼虫，加以捕杀。

（2）幼虫发生危害期喷施 1% 苦参碱水剂 800~1 200 倍液、0.5% 楝素乳油 800~1 000 倍液、0.2% 苦皮藤素乳油 1 000 倍液或 4% 鱼藤酮乳油 400 倍液均可。

（3）安装频振式杀虫灯进行诱杀。

（4）冬季结合深翻土壤，将土中的蛹挖出冻死或被鸟食掉。

## （八）茎窗蛾

又名花窗蛾、钻心虫。属鳞翅目，窗蛾科。

### 1. 危害症状

是石榴的主要害虫，主要危害枝干，以幼虫为害新梢和多年生枝，造成树势衰弱，果实产量和质量下降，重者整株死亡。此虫在全国各石榴产区均有发生。见图 4-14。

图 4-14　石榴茎窗蛾及危害状

### 2. 防治方法

（1）结合冬剪，对枯死枝和虫枝应彻底剪去，集中烧毁，消灭越冬幼虫。

（2）石榴发芽后及时剪除未发芽的新枝，消灭枝中越冬幼虫；7 月上旬及时剪除枯萎新梢，未枯死枝根据排粪孔判断，尽可能剪到虫道终端。

（3）幼虫发生期，用磷化铝片堵虫孔，先仔细检查最末一个排粪孔，将 1/6 片磷化铝片放入孔中，然后用泥封好。

（4）幼虫发生危害期喷施 1% 苦参碱水剂 800~1 200 倍液、0.5% 楝素乳油 800~1 000 倍液、0.2% 苦皮藤素乳油 1 000 倍液或 4% 鱼藤酮乳油 400 倍液均可。

## （九）日本龟蜡蚧

又名日本蜡蚧、枣龟蜡蚧、龟蜡蚧。属同翅目，蜡蚧科。见图 4-15。

### 1. 危害症状

若虫和雌成虫刺吸枝、叶的汁液，排泄蜜露常诱致煤污病发生，直接影响光合作用，削弱树势，引起落花落果，重者枝条枯死。

图 4-15　日本龟蜡蚧

### 2. 防治方法

（1）避免果园附近种植柿树等，防止害虫传播。

（2）冬季剪除虫枝或用钢刷刷除虫体。枝条上结冰凌或雾凇时，用木棍敲打树枝，虫体可随冰凌而落。

（3）落叶后或发芽前喷含油量 10% 的柴油乳剂或 3~5° Be 石硫合剂。

（4）初孵若虫分散转移期喷施 0.5% 楝素乳油 800~1 000 倍液或 4% 鱼藤酮乳油 400 倍液。

（5）安装频振式杀虫灯进行诱杀。

## （十）榴绒粉蚧

又名紫薇绒蚧、石榴绒蚧、石榴毡蚧。属同翅目、粉蚧科。见图 4-16。

图 4-16　榴绒粉蚧

### 1. 危害症状

榴绒粉蚧以成虫、若虫刺吸石榴树嫩梢、枝、叶、花（蕾）、幼果、果实的汁液，致使嫩梢、枝、叶养分供给不足，出现叶片发黄萎蔫，树势衰弱，枝条枯死；致使花（蕾）、幼果、果实表皮出现斑点，影响外观；更有甚者，在前期干旱时该虫潜入果实萼筒花丝内或果与果、果与叶片相接处栖息、取食危害，致果皮出现伤口，是煤污病和干腐病的传播媒介。

### 2. 防治方法

（1）利用天敌。红点唇瓢虫和寄生小蜂是蚧壳虫的天敌，捕食量大，应注意加以保护和利用。

（2）冬季用 5°Be 石硫合剂进行防治。各代若虫发生期喷施 0.5% 楝素乳油 800~1 000 倍液或 4% 鱼藤酮乳油 400 倍液。

（3）结合冬季修剪去除并烧毁有虫枝，并用竹片、钢刷等刮除树皮上及凹陷处的虫体。

# （十一）豹纹木蠹蛾

又名咖啡豹蠹蛾、咖啡木蠹蛾。属鳞翅目、木蠹蛾科、豹蠹蛾属。

### 1. 危害症状

以幼虫在被害枝基部的木质部与韧皮部之间蛀食1圈，之后沿髓部向上蛀食，枝上有数个排粪孔，有大量的长椭圆形粪便排出，受害枝上部变黄枯萎，遇风易折断。

### 2. 防治方法

（1）剪除被害枝干集中烧毁或捕杀被害枝干中的幼虫、蛹，或用细铁丝从排粪孔口穿进捅死蛀道中的幼虫、蛹。在黑光灯下设置糖醋液盆，可诱杀大量成虫。

（2）保护和引进自然天敌昆虫，如小茧蜂、蚂蚁类等。用棉球或火柴头蘸取白僵菌悬液，从排粪孔口处塞入蛀道内，使虫体感染病菌而致僵死亡。

（3）在成虫产卵期、卵孵化期、幼虫刚孵化或尚未蛀入枝干木质部之前，用小棉球蘸取药液塞进蛀道内或将药液滴、注入蛀孔口内；幼虫期，青虫菌1 000倍液喷雾；钻蛀到树干或枝干中的幼虫可用粘有病原线虫即芫菁夜蛾线虫悬液（1 ml含线虫1 000~2 000条）的泡沫塑料塞孔法处理。另外，对树冠喷施1%苦参碱水剂800~1 200倍液、4%鱼藤酮乳油400倍液、0.5%楝素乳油800~1 000倍液、1.1%百部碱·楝素·烟碱乳油1 000倍液或0.2%苦皮藤素乳油1 000倍液均可。

# 四、有机石榴主要草害与防治

## （一）杂草种类

### 1. 莎草

又名：香附子、猪毛草、九篷根、三棱草、回头青。属莎草

图4-17　莎草

目、莎草科、莎草属。多年生草本，具长匍匐根状茎和块根，块茎和小坚果繁殖，花果期5—10月。广泛分布于南北各省区，是榴园常见、难除之杂草。见图4-17。

### 2. 稗草

图4-18　稗草

又名稗子。属禾本目、禾本科、稗属。一年生草本，形状似小麦但叶片毛涩，颜色较浅，在较干旱的土地上，茎可分散贴地生长，花果期7—10月。广

泛分布于全国各地，适应性强，是榴园常见杂草。见图4-18。

### 3. 狗尾草

又 名 牛 尾 草、黄狗尾草、狗尾巴草、黄安草。属禾本目、禾本科、狗尾草属。一年生草本，种子繁殖，花果 期 5—10 月。全国 各 地 均 有 分 布，是榴园常见杂草。见图4-19。

图4-19 狗尾草

### 4. 刺儿菜

又称野红花、萋萋芽、小刺盖、刺菜、猫蓟、青刺蓟、千针草、刺蓟菜、萋萋菜、刺角菜、刺角芽、木刺艾、刺杆菜、刺刺芽、刺杀草、荠荠毛、刺萝卜、小蓟姆、刺儿草、牛戳刺、刺尖头草、锯锯草、踢踢芽、刺牙菜、小蓟、青青草、蓟蓟

图4-20 刺儿菜

草、刺狗牙、刺蓟、枪刀菜、小恶鸡婆。属菊目、菊科、蓟属。多年生草本，头状花序、单生茎端，或植株含少数或多数头状花序，在茎枝顶端排成伞房花序，瘦果，花果期5—9月。全国各地均有分布，是榴园常见杂草。见图4-20。

### 5. 苍耳

又名粘头婆、虱马头、苍耳子、老苍子、野茄子、道人头、刺八裸、苍浪子、绵苍浪子、羌子裸子、青棘子、抢子、痴头婆、胡苍子、野茄、猪耳、菜耳。属桔梗目、菊科、苍耳属。一年生草本，高可达1 m，全株都有毒（贝壳杉烯毒苷），以果实特别是种子毒性较大。花期7—8月，瘦果，果期9—10月。全国各地均有分布，是榴园常见杂草。见图4-21。

图4-21　苍耳

图4-22　葎草

### 6. 葎草

又名拉拉秧、勒草、拉拉藤、五爪龙。属荨麻目、桑科、葎草属。一年生或多年生缠绕草本，茎、枝和叶柄都有倒生的皮刺，是棉红蜘蛛、绿盲蝽、棉叶蝉、双斑萤叶蝉等的寄主。种子繁殖，花期春夏，果期秋季。除新疆和青海外，全国各地均有分布，是榴园常见杂草。见图4-22。

葎草是中国农业有害生物信息系统收载的恶性杂草，危害多种果树及农作物，其茎缠绕在石榴树上影响其正常生长。

### 7. 艾蒿

又名萧茅、冰台、遏草、香艾、艾萧、艾蒿、蓬蒿、艾、灸草、医草、黄草、艾绒。属菊目、菊科、蒿属。多年生草本或略成半灌木状植物，植株有浓烈香气，全草入药。头状花序椭圆形，瘦果长卵形或长圆形，花果期9—10月，根茎、种子繁殖。艾叶晒干捣碎得"艾绒"，可制艾条供艾灸用，又可作"印泥"原料。分布广泛，除极干旱与高寒地区外，遍及全国，是榴园常见杂草。见图4-23。

图4-23 艾蒿

### 8. 三叶鬼针草

又名鬼圪针、盲肠草、虾钳草、蟹钳草、对叉草、粘人草、粘连子、一包针、引线包、豆渣草、豆渣菜。属菊目、菊科、鬼针草属。一年生草本，瘦果，分布于华东、华中、华南、西南各省区，

图4-24 三叶鬼针草

图4-25 狗牙根

图4-26 马唐

是榴园常见杂草。见图4-24。

## 9.狗牙根

又名百慕达绊根草、爬根草、感沙草、铁线草。属禾本目、禾本科、狗牙根属。低矮多年生深根草本，匍匐地面蔓延生长，为良好的固堤保土植物和草坪植物，是我国华北以南地区分布最广的暖地型草种。穗状花序，颖果，5—10月开花结果，以匍匐茎和种子繁殖，以匍匐茎繁殖为主。广布于中国黄河以南各省。见图4-25。

## 10.马唐

又名叉子草、鸡爪草、大抓根草。

属禾本目、禾本科、马唐属。一年生草本，花果期 6—9 月，种子繁殖，是撂荒地的先锋草种，全国各地均有分布。是农、菜、果中炭疽病、黑穗病、稻纵卷叶螟、粘虫、稻蓟马、黑尾叶蝉、蚜虫等病虫的寄主。见图 4-26。

### 11. 马齿苋

又名马苋、五行草、长命菜、五方草、瓜子菜、麻绳菜、麻麻菜。属中央种子目、马齿苋科、马齿苋属。一年生草本，茎多分枝，平卧地面，肉质，花期 5—8

图 4-27　马齿苋

月，果期 6—9 月，蒴果，种子繁殖，营养繁殖很强，植株及茎枝断体，若不清除干净，留在地里极易生根成活，群众俗称"晒不死"。全国各地都有分布，是榴园常见杂草。见图 4-27。

### 12. 牛筋草

又名蟋蟀草、千千踏、忝仔草、粟仔越、野鸡爪、粟牛茄草、钝刀驴、

图 4-28　牛筋草

**图4-29　反枝苋**

震草驴。属禾本目、禾本科、穆属。一年生草本，世界性恶性杂草，须根细密，扎根较深，分蘖也多，不易拔除。囊果，果期8—10月，种子繁殖。全国各地都有分布，是榴园常见杂草。也是许多果树病虫害的寄主。见图4-28。

### 13. 反枝苋

又名野苋菜、苋菜、西风谷。属中央种子目、苋科、苋属。一年生草本，分布于东北、华北、西北、华中等地。也是蚜虫、蛾类幼虫的寄主。花果期7—9月种子繁殖。见图4-29。

### 14. 荠菜

又名护生草、地菜、地米菜、菱闸菜。属罂粟目、十字花科、荠菜属。一年或二年生草本，花果期4—6月，种子繁殖。中国各省区均有分布。是棉蚜、麦蚜、桃蚜、棉盲蝽象

**图4-30　荠菜**

等的寄主。见图 4-30。

### 15. 白茅

又名茅针、丝茅草、茅根、
茅草、兰根。属禾本目、禾本
科、白茅属。多年生草本，地
下具根茎，咀嚼有甜味，根茎
和种子（颖果）繁殖，当年生
苗即能形成地下根茎，所以一
旦形成草害即很难彻底清除。
分布于全国各地，尤以南方地
区为多，是榴园常见杂草。是
褐飞虱、灰飞虱的寄主。见图
4-31。

图 4-31　白茅

## (二) 杂草影响

对有机石榴生产者而言，不需要榴园干干净净，相反，我们希
望榴园是一个以石榴树，生长占优势、生物多样性较为丰富的自然
生态平衡系统。然而，当杂草的生长态势优于石榴树时，尤其在石
榴树生长的关键时期，杂草会对石榴树造成威胁，影响产量与果实
品质。反之，如果石榴树的生长态势较好，杂草对其生长不会造成
威胁时，果园反倒能从杂草中得到好处。

### 1. 杂草对榴园的负面影响

一是杂草与石榴树竞争水分、养分。杂草对水分和养分的需求
量较大，若杂草数量较多，则会与石榴树形成较强的竞争，致使石

榴树营养不良、生长缓慢、产量下降、品质降低，尤其在干旱或者土壤肥力低下的榴园，影响更为恶劣。二是杂草与石榴树争夺阳光。较高的杂草会与石榴树争夺阳光，长入石榴树冠或者攀爬于石榴树冠的杂草（比如多年生白茅、酸模和牵牛花等）会减少石榴树叶片的受光面积，降低光合作用强度，对石榴树的生长发育、开花结果、果实品质等造成不良影响。三是杂草是病虫害孳生的媒介、宿主，会导致榴园郁闭、病虫害孳生。杂草是病虫害越冬的主要场所和中间宿主。比如金龟子的幼虫、以茧越冬的害虫等都会潜藏在杂草周围越冬，多种危害石榴树的蚜虫可以在杂草上寄生。

### 2. 杂草对榴园的正面影响

一是防止水土流失，改善榴园土壤环境。杂草能缓和暴雨、融雪等对榴园的地面侵蚀，尤其对荒沙地或坡地榴园能起到防风固沙的作用，减少水土流失。此外，杂草还能调节土壤温度、湿度，增加土壤有机质含量，改良土壤结构，改善土壤理化性质，提高土壤肥力。二是保护果树免遭虫害。一方面，杂草能吸引益虫，并为其提供生存环境，比如伞状花科杂草能够吸引掠食性昆虫，保护附近石榴树免遭虫害。另一方面，杂草会通过散发出独特的气味，利用自身的刺或者其他功能对害虫进行驱赶，比如葱属、苦艾等，减少害虫对石榴树的伤害。三是增强榴园生物多样性。杂草的存在会为许多动物、微生物创造有利的生存环境，从而在榴园内建立丰富的生态群落，增强榴园的生物多样性，为榴园的生态平衡与可持续发展创造有利条件。

### （三）防治策略

对榴园而言，杂草是一把双刃剑，有利有弊。如何兴利除弊，在规避其负面影响的同时最大程度地发挥其正面效应，这就要求我们必须了解杂草的生长特点，并以此为依据，结合生产实践，因地制宜，制定合理的防治策略。不同类型的杂草，其生长能力、生命周期、生长习性等方面存在很大差异。因此，对其防治的难易程度也各不相同。一般来说，多年生杂草比一年生杂草更难控制。结合杂草的生长规律，应重点防除晚春型和夏型杂草。晚春型和夏型杂草生长旺盛、数量大、寿命长，尤其在夏季，恰逢高温多雨季节，杂草的生长和扩散非常迅速，严重危害石榴树生长，必须予以清除。在制定杂草防治策略的时候，不仅要考虑杂草的生长特性、石榴树的生长情况以及防治措施的有效性，还需要结合榴园的地理环境，进行成本和可行性分析，以便作出合理的选择。总的原则是：以利用为主，以清除为辅。如果清除杂草，应结合榴园田间管理，以机械除草为主，以人工除草为辅。有机石榴种植，禁止使用化学除草剂。

## （四）防治方法

有机榴园杂草防治方法主要有：耕作除草、覆草除草、生草除草、地膜除草、地布除草、家禽除草、药物除草、火焰除草。

### 1. 耕作除草

耕作除草分人工除草、机械除草。人工除草是指手工拔草或采用锄、犁耙、镰刀等工具进行除草，在人力成本较低地区的榴园可以使用。在人力成本较高地区的榴园应主要采用电耕犁、机耕犁和旋耕机等翻耕机械进行除草，可大大减少劳动力成本。研究表明，耕作除草的效果取决于耕作时间、频率和杂草群落的生长特性。耕作除草应坚持"除早、除小、除了"的原则，采用浅耕的方式，及

时清除园内杂草。目前，与其他除草方法相比，耕作除草依然是最具成本效益的选择。

### 2. 覆草除草

覆草除草就是在石榴树盘或全园覆盖作物秸秆、落叶、糠壳、木屑以及其他农副产品废弃物等，这些能降解的天然有机覆盖物，不仅能控制杂草，还能调节土壤温度、增加土壤有机质含量、改善土壤结构、增强土壤保墒抗旱能力，防止水土流失。对于刚覆草的榴园，由于微生物的作用，会消耗大量氮素和水分，因此，必须补充一定量的氮肥和水分，以利于有机物的分解转化，同时避免石榴树出现缺氮、缺水问题。为保证对杂草进行有效控制，覆草厚度一般不低于 10 cm。

### 3. 生草除草

人工全园种草或在石榴树行间种草，以此抑制其他杂草生长，所种的草是优良的、多年生牧草，也可以是除去不适宜杂草种类的自然生草。生草除草不再有除刈割以外的耕作，是一项先进、实用、高效的榴园除草方法。其主要功能有：改善榴园小气候和土壤环境，减少有机肥料投入，有利于石榴树病虫害综合治理，促进石榴树生长发育，提高石榴鲜果品质和产量。实施生草除草，必须因地制宜、强化管理、严格按规程操作，才能发挥生草除草的综合效益，达到生草除草的目的。生草除草有行间生草覆盖和全园生草覆盖两种模式。生草覆盖初期，由于草的生长需要消耗大量养分和水分，会明显削弱石榴树的生长态势，此效应在幼龄石榴树上表现突出，成年石榴树受此干扰较小。因此，行间生草覆盖适用于幼龄榴园，全园生草覆盖适用于成龄榴园。

### 4. 地膜除草

地膜除草不仅能抑制杂草生长，还具有保水、保温、保肥等作用。但普通地膜稳定性高、不易降解，会给生态环境带来严重污染。可降解地膜除了具有普通地膜保水、保温、保肥、抑制杂草生长等作用外，更重要的是可以降解，无需人工揭膜，既降低了人力成本，又解决了地膜污染问题。在实际应用中，结合覆草技术，即在有机覆盖物下面提前覆盖一层可降解地膜，能够显著增强除草的有效性和持续性。

### 5. 地布除草

园艺地布又称"园艺除草布"，是由无毒无味的聚丙烯、聚乙烯扁丝的窄条编织而成，厚度是普通地膜的 5 倍，结实耐用，可连续使用 5~8 年。石榴树行内覆盖园艺地布，一次投入，可长期控制杂草生长，并具有渗水性好、保墒效果好、提高养分利用率、增加果实产量、防止水土及氮素流失等优点。

### 6. 家禽除草

既是利用鹅、鸭喜食青草的习性，在榴园内放养鹅、鸭除草。养鹅、鸭既节约了除草人工费用，鹅、鸭粪便又均匀散布在榴园内，可以增加榴园土壤养分，在除草的同时又保证了石榴树的健康成长，还能获得有机鹅、鸭肉蛋副产品，增加收入。一般每亩榴园可放养 30~50 只鸭或 20 只鹅。鹅、鸭吃草后基本不用再人工饲喂，而且榴园内的杂草也得到了控制。鹅、鸭在榴园觅食，还能把榴园地面和草丛中的绝大部分害虫吃掉，从而减轻害虫对石榴树的危害，鹅、鸭与石榴树之间形成一种良性互动的生态循环。

### 7. 药物除草

有机石榴种植，可以利用植物或微生物源的除草剂除草，如57%石蜡油乳油。有机除草剂的药效受地域、杂草类型、气候等因素影响较大。一般有机除草剂对防治一年生阔叶杂草比较有效，对多年生杂草基本无效。因此，在有机榴园管理中，出于对杂草的防治效果和使用成本考虑，有机除草剂一般不作为杂草控制的主要手段，但可作为其他防治措施的补充手段，对其他防治措施无法或者不便清除的杂草实施局部控制是完全可行的。

### 8. 火焰除草

火焰除草的原理是利用火焰高温蒸发杂草的水分，破坏其细胞壁，从而达到抑制杂草生长的目的。火焰除草，对幼草、直立阔叶杂草的防治效果较好，对匍匐杂草的防治效果较差，随着杂草的长高、长大，防治效果也会逐渐下降。火焰除草对杂草控制的有效性一般可持续1~3周，杂草重生后需要再次进行火焰除草。火焰除草必须在干燥少风的时候进行，并配备相应的挡板、喷水器材等，作业时，控制火焰方向，瞄准杂草，尽可能减少对石榴树的伤害。

# 五、有机石榴冻害与防治

目前，我国北方石榴生产绝大多数为露地栽培，受自然因素影响极大。秋、冬、春3季异常低温或温度骤变，都容易引起石榴冻害的发生，对有机石榴生产极为不利。

## （一）冻害类型

### 1.深秋骤然降温型冻害

11月上旬至下旬或霜降前后，石榴苗木以及大、小石榴树尚未完全落叶，更未做好越冬准备，如果气温从 15 ℃左右，一天之内骤然降至 0 ℃以下，则极容易发生冻害；冻害程度与降温幅度、绝对低温、低温持续时间成高度正相关。以山东省枣庄市峄城区为例，2015 年 11 月 23 日，峄城气温为 15 ℃左右，11 月 24 日突然普降大雪，11 月 25 日温度骤然降至 –15 ℃，3d 降温幅度高达30 ℃。雪后一周发现，石榴当年生枝条和多年生枝干，乃至主干，其形成层变色、发褐，完全失去了生命力。此类型冻害在我国北方石榴产区极少发生，但一旦发生，猝不及防，往往损失巨大，甚至是毁灭性的。

### 2.深冬低温型冻害

此类型冻害发生在 1 月上旬至下旬。此时，如果地表气温降至 –17℃或以下，极容易发生低温冻害；冻害程度与绝对低温、低温持续时间、栽培区域、品种、管理等因素有关。以山东省枣庄市峄城区为例，20 世纪八十年代之前发生较少；20 世纪八九十年代 6~8 年发生一次；进入本世纪以来，冬季低温冻害频繁发生，3~5 年发生一次。继 2015 年 11 月 23 日的骤然降雪、降温之后，2016 年 1 月 23 日，罕见的"超级寒潮"（山东气象部门称"世纪寒潮"）又袭击了峄城，峄城平原地表气温降至 –21 ℃（实测），而且持续时间较长，为峄城 60 年不遇，作为全国石榴主产区之一的峄城区，又一次经受了严寒的洗礼，峄城榴农猝不及防，给"峄城石榴"产业造成了历史上最严重和灾难性的损失。据不完全统计，全区完全冻死石榴幼树约 1.71 万亩（1 140hm²），盛果期树约 0.38 万亩（253.33hm²）；严重冻害幼树约 0.09 万亩（60hm²），盛果期树约 0.78 万亩（520hm²）；轻微冻害盛果期树约 0.54 万亩（360hm²）。石榴苗木冻死约 0.17 万亩（113.33hm²）；严重冻害约 0.8 万亩（533.33hm²）。石榴盆景、盆栽冻死、冻伤约 1 万盆。石榴扩种成果在这场冻害中遭遇灭顶之灾，"峄城石榴"产业蒙受了巨大的经济损失。

### 3. 春季"倒春寒"型冻害

此类型冻害，发生在清明至谷雨之间。此时石榴苗木、石榴树已经发芽，如果地表气温降至 2 ℃或以下，也容易发生冻害；主要危害山坡下部、平地的 3 年生以下枝条和石榴苗木。冻害程度则与温度、栽培区域、低温持续时间等因素有关。以山东省枣庄市峄城区为例，20 世纪八十年代之前发生较少。20 世纪八九十年代发生较多。进入 21 世纪以来"倒春寒"则频繁发生，每

图 4-32　石榴树冻害

图 4-33　石榴树冻害

2~3 年就发生一次。特别最近几年，几乎年年发生。2014 年，清明至谷雨之间发生了 3 次"倒春寒"危害，致使"峄城石榴"扩种成果损失惨重，群众石榴致富的信心和积极性遭受了严重打击。见图 4-32、图 4-33。

以上 3 种类型的果树冻害，在我国北方石榴生产中均有发生，而且发生的类型愈来愈多，频率愈来愈高，情况愈来愈严重，已成为我国北方有机石榴生产亟待解决的最大障碍因子。

## （二）冻害防治

### 1. 坚持适地适树

今后无论新发展，或者更新发展，必须坚持向山坡、丘陵中上部转移；杜绝在平地、河滩等地方新建榴园；对山坡、丘陵下部要仔细考察论证，认真选择建园地址，努力做到适地适树。

### 2. 选择抗寒品种

冻害给石榴种植业造成了十分巨大的损失，同时，也给选育石榴抗寒品种提供了机遇。通过详细考察，发现'秋艳''青丽'为国内最抗寒的石榴良种，同时也发现了几株比较抗寒的实生优良单株，比较适合作抗寒砧木使用。在此基础上，要进一步加大抗寒石榴良种选育力度，期望能从品种方面解决石榴的冻害问题。

### 3. 推广设施栽培

通过最近几年多地、小规模试验研究，石榴设施栽培是完全可行的。比较简易的设施，即可解决石榴秋、冬、春 3 季的冻害问题。今后，要不断加大研究、示范、推广力度，特别要注意研究"适用设施、适栽品种、配套栽培技术"等问题。

## 4. 强化综合管理

（1）增强树势，提高树体抗冻能力。多雨年份注意排水，使石榴枝条发育饱满充实，生长后期注意控制浇水，上冻前透浇一次防冻水；遵守"前促后控"原则，生长后期少施氮肥，多施磷、钾肥，采果后至落叶前，叶面喷施 0.3％ 磷酸二氢钾，提高光合水平，确保树体健壮充实；及时防治各种真菌病害，保护好叶片和枝干，提高石榴树防冻能力。

（2）合理负载，适期采收。坚持疏花疏果，合理负载；果实成熟后及时采收，促进光合产物回流，养根壮树，提高树体贮藏水平，提高御寒能力。

（3）树干涂白，保护树干。

（4）熏烟升温，防治晚霜危害。根据天气预报，初春晚霜来临时，在榴园内用碎玉米秸秆、锯末等材料，熏烟升温防冻。一般气温急剧下降至 −10 ℃时，每亩 3~4 个火堆可升温 3~4 ℃。材料过干可适当喷水，以冒浓烟为好，或选择专用发烟剂熏烟，以此防治"倒春寒"。

## 5. 实行苗木假植

北方石榴产区，要坚决摒弃石榴苗木"在圃越冬"的陋习，依据天气情况，在霜降后至立冬期间起苗假植，这对于抗寒能力较差的一、二年生石榴苗木，可有效提高其越冬存活率。

# 六、有机石榴鸟害与防治

## (一) 害鸟种类与危害

危害石榴果实的鸟类，主要是鸟纲雀形目的麻雀、喜鹊、山喜鹊。据调查，由于鸟类啄食，榴园损失果品 5~10%，个别榴园损失高达 30% 以上，给石榴生产造成严重损失。鸟类啄食对象，一是果皮薄、籽粒口感好的品种；二是成熟的果实。一旦被其啄食，便失去经济价值。同时，被啄食的果实伤口还会引起病菌滋生，从而引起烂果，加重病害。

## (二) 害鸟防治

目前，我国对于榴园害鸟，主要采取物理方法防治。在榴园内利用声音驱鸟或视觉驱鸟的方法效果较好。另外，还有人工驱鸟、烟雾驱鸟、设保护网、套袋等措施。

### 1. 声音驱鸟

将枪鸣、鞭炮、害鸟天敌鸣叫或鸟类求救声音录下，在果实着色期将录音机置于榴园中心，设置好响度、自动开启时间，间歇性播放，8~10d 后可见效果。但一段时间之后害鸟又会重新飞回榴园危害。因此，声音驱鸟法必须与其他防治方法结合使用。

### 2. 视觉驱鸟

在榴园视角较好的位置放稻草人是最常用的方法。除此之外，还可在树枝上系一些画有鹰眼、老鹰等害鸟天敌图案的气球，以此

达到恐吓害鸟不敢靠近的目的。还可在树上挂些耀眼的彩带、光盘或在地上铺反光膜，利用反射光使害鸟不敢靠近。

### 3. 设保护网

保护网可以充分控制鸟类危害，在鸟类危害前，用纱网、丝网等保护网将石榴树或整个榴园覆盖起来，在采收季节撤去即可。

### 4. 果实套袋

近些年石榴套袋已逐渐推广，套袋主要是用来减少虫害，防止裂果，还可阻止鸟类的危害。

### 5. 烟雾驱鸟法

在榴园中焚烧残枝废叶或释放烟雾，能有效驱散害鸟，但要注意远离石榴树，以防烧伤树体。

记　事

记　事

# 第五章

# 有机石榴的采收、分级、贮藏及运输

## 一、有机石榴的采收

有机石榴的适时采收，是榴园管理后期的重要环节。采果时间适宜、方法正确，对增加产量、提高品质、延长贮藏时间、减少贮藏病害发生的作用很大。良好的采果技术，也有利于减少果实机械损伤和运输、销售、贮藏期间的腐烂损失。合理的采收不仅保证了当年产量及果实品质，提高贮藏效果，增加经济效益，同时由于树体得到合理的休闲，又为来年丰产打下了良好基础。

### （一）采前准备

采前准备主要包括 3 个方面：一是采摘工具如剪、篓、筐、篮等的准备，包装箱订做以及贮藏库的维修、消毒等。二是市场调查，特别是榴园面积较大，可销售果品量较多时，此项工作更为重要，只有做好市场调查预测，才能保证在丰产丰收时也能取得高效益。三是合理组织劳力，做好采收计划，根据石榴成熟期不同的特点及市场销售情况，分期、分批采收。

## （二）采收期确定

采收期的早晚，对石榴鲜果产量、品质、贮藏性能等均有很大影响。采收过早，产量低、品质差，加之温度较高，果实呼吸率高，耐贮性降低，采收越早，损失越大。采收过晚，容易裂果，降低贮运力、商品价值，且由于果实生长期延长，养分损耗增多，减少了树体贮藏养分的积累，树体越冬能力降低，影响翌年结果。

适宜的采收期要从几个方面判断，即石榴的成熟度、采后用途、距市场远近、贮运条件、天气情况等。生产中，主要依据成熟期来确定采收期。正常年份，我国北方石榴产区，早熟品种一般在9月中旬成熟；中熟品种一般在9月下旬至10月上旬成熟；晚熟品种在10月中、下旬成熟。南方石榴产区，早熟品种一般在8月中旬成熟；中熟品种一般在8月下旬至9月上旬成熟；晚熟品种在9月中、下旬成熟。

我国劳动人民历来都有中秋节走亲访友送石榴的习惯。因此，除安徽淮北烈山、蚌埠怀远石榴产区外，其他石榴产区，不论石榴成熟与否，中秋节前一般都有大量石榴鲜果上市。而个别石榴产区，为了减少贮藏费用、延长石榴鲜果供应期，推迟石榴鲜果采收期。长此以往，对石榴生长、结果会产生不良影响。对此，应引起生产者的重视。

石榴花期较长，坐果时间不集中，因此，采收要分期进行。具体采收时间的确定，无论鲜食还是加工，均应在石榴鲜果完全成熟、风味达到最佳时采收。采收时要充分考虑天气情况，晴朗天气，在露水干后采收最为适宜；阴雨天，一定要在雨前或雨后天气晴朗1~2d采收；久旱、雨后，要及时采收，以减少裂果。总之，要保证采后石榴鲜果果面、萼筒内没有游离水的存在，以降低运、贮期间的果实腐烂率。

### （三）采收技术

在石榴鲜果采收中应防止一切机械伤害，如指甲伤、碰伤、压伤、刺伤等。如果果实有伤口，微生物极易侵入，会降低其贮运性、商品价值。采果篮（或筐）底部、四周应用麻袋片、软纸衬好，防止磨伤果皮，并用细钢筋或木钩作成悬挂钩拴到篮（或筐）上，采果时便于在树干上悬挂，提高工作效率。采果人员应剪指甲、戴手套、穿软底鞋，防止刺伤果皮，踩坏树皮。

石榴果梗粗壮，坐果牢固，即使果实充分成熟，果梗也不会形成离层。因此，采果时要用果枝剪采果，一手拿石榴，一手持剪，用剪子将果实从结果枝上紧贴胴部剪下。果梗不能留长，以免刺伤包装纸或其他果实。采时避免碰掉萼片，以免影响果实外观。剪下后将果实轻轻放入内衬有蒲包或麻袋片等软物的篮（或筐）内，切忌远处投掷。采果袋、采果篮（或筐）不能装得过满。采后及时上市的果实，果柄可留长些，并带几片叶，增加石榴鲜果观赏性。转换篮（或筐）、装箱时要轻拿轻放，防止碰掉萼片。采果时还要防止折断果枝，碰掉花、叶芽，以免影响来年产量。

## 二、有机石榴的分级

有机石榴鲜果采摘后，要置于阴凉通风处，避免日晒和雨淋，来不及运出榴园的，存放果实的篮（或筐）上要盖麻袋、帆布或布单遮阳。在果实运到选果场倒篮（或筐）时进行初选，将病、虫、伤、裂果挑出。对初选合格的果实，按照石榴果品统一分级标准，根据不同品种果实大小，果皮、籽粒色泽，病、虫为害和碰、压、

刺伤程度进行挑选分级。经过分级的果实，大小一致，优劣分开，既统一了规格，便于销售，优质优价，又降低了贮运损耗。挑出病、虫、伤、裂果后，有助于商品检验和防止病、虫害蔓延传播和伤果的腐烂污染。分级规范销售，是提高果实商品价值的重要措施。

在石榴质量等级的国家标准未出台之前，有机石榴鲜果的质量分级，可暂按《中华人民共和国林业行业标准—石榴质量等级（LY/T 2135—2013）》执行。

# 三、有机石榴的贮藏

## （一）有机石榴的贮藏环境

石榴属非呼吸跃变型果实，采后无呼吸高峰，自身乙烯产生量极少，对外源乙烯反应也不明显。果实采后没有后熟，但果实仍进行正常呼吸作用。贮藏温度、相对湿度、气体成分是影响果实贮藏寿命的最主要环境因素，控制这些因素可降低果实呼吸强度、减少腐烂病害。通过对石榴采后贮藏温度、相对湿度、气体成分、环境净度的适当控制，可有效延长果实贮藏期，保持果实良好品质。

### 1. 贮藏温度

温度是石榴采后特别是贮藏质量控制的最关键因素，主要影响其呼吸作用。石榴最佳贮藏温度，是能使其生理活动降低到最低程度而又不会导致其生理失调的温度。贮藏温度过高，呼吸作用较强，水分、养分损耗加快，导致品质下降。石榴采摘后，对低温反应敏感，温度过低，易发生冷害，尤其是南方（秦岭—淮河以南）所产石榴鲜果对低温更加敏感，发生冷害的果实外表皮凹陷褐变，软化腐烂；贮藏温度即使在冰点之上，石榴也会发生冷害，如果贮藏温度低于冰点，则会发生冻害，组织内细胞间隙形成冰晶体，对组织细胞造成不可逆破坏，同样会对石榴鲜果品质产生严重影响。多年贮藏实践表明，南方（秦岭—淮河以南）8月中旬至9月中旬成熟石榴的贮藏适温为10~12 ℃，9月下旬至10月上旬成熟石榴的贮藏适温是8~10 ℃；北方（秦岭—淮河以北）9月下旬至10月上旬成熟石榴的贮藏温度宜是5.5~6.5 ℃，10月中、下旬成熟石榴的贮藏适温是5~6 ℃。

### 2. 相对湿度

相对湿度是影响石榴贮藏保鲜的另一重要因素。石榴采摘后其一系列生理活动仍没有停止，采后表皮蒸腾失水，不仅会造成贮藏失重，而且还会对贮藏果实的表观品质产生不利影响。随着水分蒸发，石榴细胞组织膨压也会降低，失常的细胞膨压会破坏果实正常的生理代谢，并会提高叶绿素酶、果胶酶等一系列水解酶的活性，会造成石榴果皮色泽改变和硬度降低，改变细胞的分布状态及机体和机械结构特性，从而对正常生理代谢产生影响。一般情况下，失重率超过5%时，组织、器官新鲜度会产生明显变化，出现萎蔫、光泽消失并加速果实的成熟衰老进程，这就是石榴的失鲜。失鲜会严重影响石榴商品价值。从蒸腾作用的角度来看，石榴贮藏过程中应尽量保持较高的贮藏湿度，但过高的湿度又有利于微生物的滋生与繁殖，果实腐烂率增加，同样对石榴贮藏保鲜不利。多年贮藏实践表明，石榴贮藏适宜的相对湿度以90~92%为宜。

### 3. 气体成分

气体成分是影响石榴贮藏保鲜的另一重要因素，也是贮藏技术的突破口。石榴采摘后，呼吸作用并没有停止，自身贮藏的有机物会继续消耗，引起果实品质下降，同时微生物的活动也会对其质量产生影响。在一定温度、湿度条件下，将贮藏环境的气体控制在一个相对低 $O_2$、高 $CO_2$ 的环境，可有效抑制石榴的呼吸作用，减少贮藏期间病害的发生，有利于石榴的贮藏及其品质的保持。低浓度 $O_2$ 和高浓度 $CO_2$ 可抑制果实的呼吸作用，并且对病原微生物的生长和繁殖也有一定影响。通常情况下，$O_2$ 浓度降到 5% 以下，石榴的呼吸强度才会明显降低。但 $O_2$ 浓度过低会诱发无氧呼吸，呼吸底物消耗增加，同时积累乙醇、乙醛等物质，导致低氧伤害。所以，石榴贮藏时比较合适的 $O_2$ 浓度为 2~4%，$CO_2$ 浓度为 1~3%。此外，短时间（5~15 h）的高 $CO_2$ 处理也对石榴贮藏保鲜有利。

### 4. 环境净度

净度是石榴贮藏保鲜的基本要素之一，可分为贮藏环境净度和贮藏本体的净度。无菌、卫生整洁的贮藏环境对防止真菌孢子扩散，减轻贮藏病害的发生极为重要，因此在石榴贮藏过程中一定要保持干净卫生，达到良好的净度。

## （二）有机石榴的贮前处理

### 1. 预冷

采后及时预冷处理以消除石榴果实携带的田间热，可以降低呼吸强度，提高果实耐贮性。北方采用土窑洞、棚窖等常温进行贮藏时，可以采用自然散热方式，如采收后在阴凉、通风的凉棚下放置一夜，利用夜间低温将果实温度降下来后于翌日气温上升前入库贮藏。用冷库贮藏时，可以将果品置于包装箱或周转箱内不码垛，不封闭包装袋，摊晾在冷库内预冷，待果品温度降至适宜温度 [ 一般（4±0.5）℃ ] 时再码垛。

### 2. 包装

预冷后的果实，用吸水性良好的纸包裹，并用 0.01mm 的塑料薄膜或发泡网袋进行单果包装，后置于贮藏箱内。贮藏箱内的摆放以 3~5 层为宜（根据果实大小），品字形排列，萼筒侧向一边，避开上层果实的压力。包装后进入预先冷却的冷藏库进行贮藏。

短期贮藏 3~4 周就进行销售的果实，可以放在冷库中而不需要任何特殊处理。对于进行中期贮藏 2 个月的石榴，可将果实用特制的塑料袋包装，以 4~5 kg 为宜。这种包装的主要先进之处在于塑料袋的材料为防结露膜，维持果实在贮藏和运输中的品质，降低皱缩现象和褐变的发展。若将果实贮藏期延长至 3~4 个月，建议将果实以 20 kg 进行大包装，放入塑料箱内或以 80 kg 进行大包装后放入采收箱内，为了避免果实互相碰撞出现机械损伤，可以采用垫板将果实分层摆放，或用发泡网袋包裹后放入大塑料袋。

## （三）有机石榴的贮藏方法

少量果实可放于罐、瓮内进行贮藏。对于贮藏量较大的，有条件的可置于冷库或结合塑料袋包装在冷库中进行贮藏；若无冷库，则可置于室内、土窑洞、井窖等冷凉的场所进行贮藏。冷库贮藏、气调贮藏、减压贮藏适于进行中长期贮藏，常温贮藏只适于中短期贮藏。贮藏效果的优劣，可以从贮藏期限、损耗率、产品品质、货

架寿命四个方面进行评价。

### 1. 罐瓮贮藏法

选干净无油污的坛、缸、罐等容器，底部铺一层湿沙（湿度以手握成团、松之即散为宜），厚度5~10 cm，中央放1个竹编的通气筒，利于换气。将石榴放满容器为度，上面盖一层湿沙，瓮口用塑料薄膜封好即可。一个月要检查1次。此法适于少量、短期贮藏。

### 2. 室内堆藏法

选择冷凉、湿润、通风的清洁房屋，屋内要避光。在地面垫上约10 cm厚的稻草或松针等，然后将石榴按品字形码放，高度以40~60 cm为宜，最后盖上松针或鲜草等，并随温度变化增减覆盖物。要注意适时通风换气，排除石榴自身代谢产生的$CO_2$、乙醇、乙醛、乙烯等有害物质，以防褐变产生。室内湿度宜保持在85~95%。贮藏初期（气温降到5 ℃之前）要勤检查，此时往往是石榴腐烂的第一个高峰期。一般7d检查一次，并及时剔除腐烂的果实及其周围果实，若是单果包装，只剔除腐烂果即可。一个月后，每半个月检查一次。当外界气温降至5 ℃以后，每1个月检查一次。北方的冬季，气温较低，要注意室内温度不要长时间在2 ℃以下，以免产生冷害。此法只适于中短期贮藏。

### 3. 井窖贮藏法

选高燥处，挖直径0.8~1 m、深1~2 m的干井，然后根据贮藏量向四周挖数个拐洞。若是新挖的井窖，可以不用消毒直接使用；若是旧窖，要进行一定的处理。首先将窖壁修补平整，其次是换底，即将窖底表面铲去 3 cm 左右的旧土层，以减少其内残存的有害物质，铲土后换上干净的细沙土 10 cm 左右，可以起到防潮通气的作用。石榴入贮前一个月，要在窖内补充水分，根据窖内湿度情况，一般一个窖内放 50~100 kg 的水即可。贮藏时，在 10 cm 厚的细沙上按品字形摆放石榴 4~5 层。前期注意要充分利用夜间低温，迅速将温度降下来。白天可用草苫将沟口盖严，夜间揭开降温，直至窖内温度降至 3~5 ℃时，再封严窖口，留好通气孔。此期果实极易发生软腐现象，要注意勤检查，一般 15 d 检查一次，并及时剔除腐烂的果实。中期注意保温，并注意通风，排除石榴呼吸释放的 $CO_2$ 等，可在窖内外温差较小时进行通风。此期一般 1 个月检查一次产品质量。贮藏后期要注意充分利用夜间低温维持窖内低温。此法适于中短期贮藏。

### 4. 冷库贮藏

冷库贮藏降温快，温度可人工调节，对石榴的贮藏具有其他常温贮藏所无可比拟的优势。冷库贮藏石榴一般可达到 90 d 以上，外观鲜艳，籽粒风味正常。冷库贮藏要注意以下各个环节。

（1）石榴入贮前贮藏场所的准备。石榴贮藏要严格进行贮藏环境的清理和消毒。消毒方法有：① 硫磺熏蒸法，按 5~15 $g/m^3$ 的用量进行熏蒸，用锯末做助燃剂，放入瓦罐或铁盆内分点施放。点燃后注意立即将明火扑灭，使其发烟，密闭熏蒸 24~48 h 后，打开库门进行通风排药 1~3 d，以库内无刺激气味为宜。② 用 0.5~1% 的漂白粉水溶液喷洒冷库。③ 在 10% 石灰水中加入 1~2% 硫酸铜配制成溶液刷冷库墙壁，晾干备用。多种方法混用，效果更好。

（2）石榴的采收及入贮前果实处理。入贮的产品宜在一天中冷凉的时候进行采收，采收注意"适熟、适时、无伤"，即适宜的成熟度、适宜的时间、无伤采收。采收的果实要避开阳光直射、避雨淋。采后及时挑选、分级、预冷、包装入库，以减少果实携带的田间热。挑选即要剔除有机械伤、有瑕疵的产品，及时处理以减少损失；对完好的产品根据相关标准进行分级，归类存放，统一管理。入库的产品要充分预冷。可在建库时建造专门的预冷间进行预冷，在预冷间将石榴预冷至 3~5 ℃时，进行包装入库贮藏。也可选择一个冷间作为预冷间，或直接在冷库中进行冷却后码垛。如果没有冷藏条件，入贮的产品最好在室外过夜，在第二天早晨冷凉的时候将产品包装入库。

为了减少贮藏过程中石榴表面水分的蒸发，可以应用涂膜保鲜剂浸果，以维持果实硬度和新鲜度，减少病原菌侵染，防止发生腐烂。具体做法是在果实表面涂上一层高分子液态物质，干燥后成为均匀的薄膜，阻隔果实与外界环境的气体交换，进而抑制果实呼吸作用，降低营养消耗，常用的涂膜保鲜剂有 1% 壳聚糖溶液、0.1~1 mmol/L 乙酰水杨酸、0.5% 羧甲基纤维素钠（CMC）溶液（pH 值 =4.0）、0.5% 果胶溶液、茉莉酸甲酯或水杨酸甲酯、草酸、水杨酸、腐胺和巴西棕榈蜡。涂膜保鲜剂浸果处理后，采用 0.01 mm 厚的塑料薄膜进行单果包装，或采用 0.03 mm 厚的塑料薄膜进行大容量包装后置于包装箱内入冷库贮藏。为了减少薄膜内表面产生结露现象对果实造成伤害，最好先用柔软的纸进行包裹后放入塑料薄膜袋内，或用纸包裹后用发泡网袋包装；也可用微孔膜进行包装，既可减少水分的蒸腾，也可透过一定水汽，减少结露对果实的伤害，同时，也可减少长期贮藏过程中积聚的 $CO_2$ 对果实的伤害。涂膜保鲜剂浸果 + 塑料薄膜包装的双重保护，能显著延缓果实贮藏期间可溶性固形物、总糖、总酸含量的下降，提高冷藏期间石榴的营养品质，维持其商品价值。

（3）产品的入库和码放。有专门预冷间进行预冷处理的果实可在预冷、包装后直接入库贮藏，若没有专门的预冷间，要求每天入贮量不超过总库容的 10~20%，入贮后先进行彻底冷却，待温度降至 3~5 ℃时再进行包装、码垛。

冷库贮藏中的码放要注意"三离一隙"，即货垛与墙壁、天花板、地板之间要有一定的距离，分别为 20~30、50~80、10~15 cm，货垛与货垛之间的间隙为 30~50 cm，另外，货垛与冷气出风口之间也要保持在 30~40 cm。为了避免冷风口或蒸发器附近的冷空气对邻近的石榴造成伤害，最好在货垛表面覆盖塑料薄膜或其他保温层，以减少低温冷空气的直接接触，也便于冷空气的分流。

（4）冷库的管理。温度、湿度和气体成分的管理是冷库管理的三要素。石榴最适宜的贮藏温度因品种而异，大多数晚熟品种适宜的贮藏温度为 3~5 ℃，早、中熟的品种的贮藏温度应适当升高。确定了适宜的温度后，控制的精度在 ±0.5 ℃左右。库内湿度要保持在 85~95%。

大量产品在相对密封的环境中释放的 $CO_2$、乙醇等物质的积聚对石榴会产生一定的伤害，因此应注意适时通风换气，将塑料袋内的高浓度 $CO_2$ 释放出来，同时，开排气扇，将不良气体排出库外，此操作一般在库内外温差很小的时候进行，以减少库外空气的影响。

石榴的贮藏是一个系统工程，从园址选择、品种选择、栽培期间土肥水管理及病虫害管理、采收、采后处理，到贮藏条件及贮藏期间的管理，对石榴贮藏的效果都同等重要。

# 四、有机石榴的运输

为确保经过认证的有机石榴在运输过程中不受其他物质的污染，对有机石榴运输规范管理制定如下规则，此规则适用于经过认证的有机石榴运输。

（1）有机石榴运输必须用专用车辆运输，并记录该车运输的产品名称、数量等。如果专用车辆运力无法满足要求时，可使用其他车辆，但使用前必须充分清洗干净，并做好记录。

（2）专用运输车辆在装载有机石榴前应清洗干净，必要时消毒处理，并做好《有机石榴运输设备清洗记录》。

（3）有机石榴在运输过程中，应避免与产品混装或受到污染，运输中要防止挤、压、抛、碰、撞。

（4）运输和装卸过程中，外包装上有机认证标志及说明不得被玷污或损毁。

（5）运输和装卸过程应有完整的档案记录，并保留相应的单据。

（6）有机石榴的运输要求：① 不得与有毒、有害、有异味的物品混装运输；② 运输应符合产品特点，避免运输过程中受到禁用物质的污染。

（7）相关文件和记录：①《有机石榴运输记录》；②《有机石榴运输设备清洗记录》。

记　事

记　事

# 第六章

# 有机石榴的开发利用

## 一、有机石榴开发利用的价值与方向

有机石榴具有食用、保健、药用、化工、观赏、生态、文化等诸多价值，开发利用价值十分巨大。同时，对其开发利用是一个系统工程。有机石榴开发利用的方向是：必须坚持有机石榴一、二、三产业并重和融合发展。这是拓宽石榴产区农民增收渠道、构建现代石榴产业体系的重要举措，是加快转变石榴产业发展方式、探索中国特色石榴产业现代化发展道路的必然要求。见图6-1。

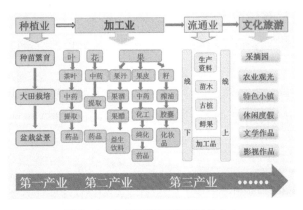

图6-1 有机石榴开发利用的方向

# 二、有机石榴开发利用的原则与策略

有机石榴开发利用的原则与策略是：坚持叶、花、果、枝干、根等综合利用，吃干榨净，无废弃物；坚持加工业不断向精深方向发展；坚持绿色无污染。见图6-2。

图6-2　有机石榴开发利用的策略

# 三、有机石榴开发利用的前景与展望

## 1. 有机石榴种植业

（1）南北各产区，应积极选育适合当地环境、综合性状优良的石榴品种。

（2）南北各产区，应积极探索优质高效的有机石榴栽培模式。

（3）南北各产区，应积极创新适度规模化的管理模式，形成区域品牌。

## 2. 有机石榴加工业

（1）有机石榴初加工。以石榴某一器官或部位为原料，做初步的简单加工。如石榴茶叶、石榴原汁、石榴汁饮料、石榴糕点、石榴蜂蜜等。目前，我国石榴初加工已初具规模，应进一步做大、做强。

（2）有机石榴粗深加工。对石榴初加工产品或副产物，做进一步加工处理。如石榴果酒、石榴果醋、石榴籽油等。目前，我国石榴粗深加工刚刚起步，应加大力度、加快速度。

（3）有机石榴精深加工。对石榴原料进行精细化加工。如从石榴原料中提取、纯化医药成分或中间体，以及制成保健品、药物或化妆品等。目前，我国石榴精深加工处于萌芽阶段，应进一步加大科技投入，做精、做深。

### 3. 有机石榴流通业

（1）各石榴产区急需加快建设专业大冷库与小冷库相互配合的石榴贮藏保鲜设施。

（2）各石榴产区急需加快建设石榴线上交易平台和专业化的线下交易市场。

（3）各石榴产区石榴销售必须线上线下齐头并进。

### 4. 石榴文化旅游业

（1）各石榴产区，应积极开发以石榴为主题的文化旅游产业。开发建设中必须坚持因地制宜、统筹规划、挖掘历史、开拓创新。

（2）有条件的石榴产区，应尽快规划、建设现代化的石榴特色小镇。

（3）各石榴产区的文人墨客，应积极创作以石榴为题材的文学影视作品，大力弘扬石榴文化，以此促进石榴文化旅游产业，最终促进有机石榴产业的发展。

## 附录 1　北方产区有机石榴生产周年管理历

| 时间 | 管理要点 |
| --- | --- |
| 1、2 月<br>（休眠期） | （1）清园。重点剪除病、虫、枯、弱枝及病虫果，刮除树干翘皮，连同落叶集中焚烧或深埋，以此降低春、夏、秋 3 季病虫害发生强度。<br>（2）备药。熬制石硫合剂，以备不时之需。<br>（3）检修。检修榴园各种农机具。 |
| 3 月<br>（萌芽期） | （1）松土。可有效保持榴园墒情。<br>（2）覆草。利用秸秆、杂草等覆盖树盘或全园，保墒、保温、除草、增肥。<br>（3）喷药。萌芽前（日最高维持 20 ℃），喷布一次 3~5° Be 石硫合剂或 5% 柴油乳剂，降低病虫越冬基数，为全年防治打好基础。<br>（4）浇水。依据天气、墒情，适时、适量浇水。 |
| 4 月<br>（展叶、新梢<br>生长期） | （1）防冻。采取可行措施，防止"倒春寒"危害。<br>（2）施肥。依据上一年施肥情况，适时适量追施速效氮肥，促进新梢生长。<br>（3）浇水。依据天气、墒情，适时、适量浇水，促进树体健壮生长。<br>（4）除萌。适时抹除剪口萌芽、根部萌蘖，适时摘心，减少养分消耗。<br>（5）喷药。适时喷药，主要防治蚜虫及各种真菌病害。<br>（6）育苗。依据生产、市场需求，适量扦插繁育优良石榴品种苗木。 |

| 时间 | 管理要点 |
|------|----------|
| 5、6 月<br>（开花、<br>坐果期） | （1）除草。及时除草，减少土壤水分、养分消耗。<br>（2）浇水。依据天气、墒情，适时、适量浇水，促进开花、坐果。<br>（3）控长。适时摘心、扭梢、疏枝、拉枝，抑制营养生长，促进开花坐果。<br>（4）疏花。适时疏除过多败育花蕾、花朵，节省树体营养。<br>（5）定果。选留头茬果，留足二茬果，疏除三茬果、病虫果；留单去双。<br>（6）喷药。适时喷药，主要防治桃蛀螟及各种真菌病害。 |
| 7、8 月<br>（果实生长期） | （1）除草。及时除草，减少土壤水分、养分消耗。<br>（2）修剪。疏除过密、竞争枝条和萌蘖，对直立枝条撸枝，保证树冠通风透光，以此缓和树势，促进花芽分化。<br>（3）疏果。结合修剪，以保留单果为原则，疏除多果、双果中多余的小果。<br>（4）施肥。追施速效氮磷钾肥，促进果实发育。<br>（5）浇水。依据天气、墒情，适时、适量浇水，促进幼果生长。<br>（6）喷药。适时喷药，主要防治各种真菌病害。<br>（7）堆肥。结合除草、修剪，将榴园内外有机物粉碎堆沤积肥，以备急需。 |

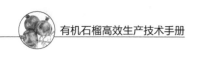
（续表）

| 时间 | 管理要点 |
| --- | --- |
| 9、10 月（果实成熟期） | （1）除草。及时除草，减少土壤水分、养分消耗。<br>（2）施肥。深施有机肥，促进根系生长，促进花芽分化。<br>（3）浇水。依据天气、墒情，适时、适量浇水，促进树体生长及果实成熟。<br>（4）采收。分期、分批进行，禁止采青，提高鲜果品质。<br>（5）喷药。采果后及时喷布波尔多液，防治各种真菌病害。<br>（6）促花。控氮、抑梢、补肥，增加树体养分积累，进一步促进花芽分化。<br>（7）耕翻。结合深施基肥，耕翻、改良土壤。<br>（8）管果。加强鲜果采后管理，搞好鲜果销售，提高种植效益。 |
| 11、12 月（落叶、休眠期） | （1）浇水。封冻前浇一次透水，形成良好的榴园土壤墒情，保证安全越冬。<br>（2）清园，重点剪除病、虫、枯、弱枝及病虫果，刮除树干翘皮，连同落叶集中焚烧或深埋，以此降低春、夏、秋三季病虫害发生强度。<br>（3）采条。落叶后及时采集过密、健壮的一年生枝条，供翌年育苗等使用。<br>（4）深翻。利用冬闲时机，对活土层浅的榴园进行深翻，以此增加活土层厚度，改良榴园土壤结构，提高榴园生产能力。 |

# 附录 2　有机植物生产中允许使用的投入品
# （GB/T 19630.1—2011）

### 表 1　土壤培肥和改良物质

| 类别 | 名称和组分 | 使用条件 |
|---|---|---|
| 植物和动物来源 | 植物材料（秸秆、绿肥等） | |
| | 畜禽粪便及其堆肥（包括圈肥） | 经过堆制并充分腐熟 |
| | 畜禽粪便和植物材料的厌氧发酵产品（沼肥） | |
| | 海草或海草产品 | 仅直接通过下列途径获得：物理过程，包括脱水、冷冻和研磨；用水或酸和 / 或碱溶液提取；发酵。 |
| | 木料、树皮、锯屑、刨花、木灰、木炭及腐殖酸类物质 | 来自采伐后未经化学处理的木材，地面覆盖或经过堆制。 |
| | 动物来源的副产品（血粉、肉粉、骨粉、蹄粉、角粉、皮毛、羽毛和毛发粉、鱼粉、牛奶及奶制品等） | 未添加禁用物质，经过堆制或发酵处理。 |
| | 蘑菇培养废料和蚯蚓培养基质 | 培养基的初始原料限于本附录中的产品，经过堆制。 |
| | 食品工业副产品 | 经过堆制或发酵处理。 |
| | 草木灰 | 作为薪柴燃烧后的产品。 |

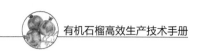

（续表）

| 类别 | 名称和组分 | 使用条件 |
|---|---|---|
| 植物和动物来源 | 泥炭 | 不含合成添加剂。不应用于土壤改良，只允许作为盆栽基质使用。 |
| | 饼粕 | 不能使用经化学方法加工的。 |
| 矿物来源 | 磷矿石 | 天然来源，镉含量 $\leq$ 90mg/kg 五氧化二磷。 |
| | 钾矿粉 | 天然来源，未通过化学方法浓缩。氯含量少于 60%。 |
| | 硼砂 | 天然来源，未经化学处理、未添加化学合成物质。 |
| | 微量元素 | 天然来源，未经化学处理、未添加化学合成物质。 |
| | 镁矿粉 | 天然来源，未经化学处理、未添加化学合成物质。 |
| | 硫磺 | 天然来源，未经化学处理、未添加化学合成物质。 |
| | 石灰石、石膏和白垩 | 天然来源，未经化学处理、未添加化学合成物质。 |
| | 黏土（如珍珠岩、蛭石等） | 天然来源，未经化学处理、未添加化学合成物质。 |
| | 氯化钠 | 天然来源，未经化学处理、未添加化学合成物质。 |
| | 石灰 | 仅用于茶园土壤 pH 值调节。 |
| | 窑灰 | 未经化学处理、未添加化学合成物质。 |

（续表）

| 类别 | 名称和组分 | 使用条件 |
|---|---|---|
| 矿物来源 | 碳酸钙镁 | 天然来源，未经化学处理、未添加化学合成物质。 |
| | 泻盐类 | 未经化学处理、未添加化学合成物质。 |
| 微生物来源 | 可生物降解的微生物加工副产品，如酿酒和蒸馏酒行业的加工副产品 | 未添加化学合成物质。 |
| | 天然存在的微生物提取物 | 未添加化学合成物质。 |

表2　有机植物保护产品

| 类别 | 名称和组分 | 使用条件 |
|---|---|---|
| 植物和动物来源 | 楝素（苦楝、印楝等提取物） | 杀虫剂 |
| | 天然除虫菊素（除虫菊科植物提取液） | 杀虫剂 |
| | 苦参碱及氧化苦参碱（苦参等提取物） | 杀虫剂 |
| | 鱼藤酮类（如毛鱼藤） | 杀虫剂 |
| | 蛇床子素（蛇床子提取物） | 杀虫、杀菌剂 |
| | 小檗碱（黄连、黄柏等提取物） | 杀菌剂 |
| | 大黄素甲醚（大黄、虎杖等提取物） | 杀菌剂 |
| | 植物油（如薄荷油、松树油、香菜油） | 杀虫剂、杀螨剂、杀真菌剂、发芽抑制剂 |
| | 寡聚糖（甲壳素） | 杀菌剂、植物生长调节剂 |

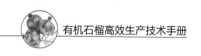

（续表）

| 类别 | 名称和组分 | 使用条件 |
|---|---|---|
| 植物和动物来源 | 天然诱集和杀线虫剂（如万寿菊、孔雀草、芥子油） | 杀线虫剂 |
| | 天然酸（如食醋、木醋和竹醋） | 杀菌剂、除草剂 |
| | 菇类蛋白多糖（蘑菇提取物） | 杀菌剂 |
| | 水解蛋白质 | 引诱剂，只在批准使用的条件下，并与本附录的适当产品结合使用。 |
| | 牛奶 | 杀菌剂 |
| | 蜂蜡 | 用于嫁接和修剪 |
| | 蜂胶 | 杀菌剂 |
| | 明胶 | 杀虫剂 |
| | 卵磷脂 | 杀真菌剂 |
| | 具有驱避作用的植物提取物（大蒜、薄荷、辣椒、花椒、薰衣草、柴胡、艾草的提取物） | 驱避剂 |
| | 昆虫天敌（如赤眼蜂、瓢虫、草蛉等） | 控制虫害 |
| 矿物来源 | 铜盐（如硫酸铜、氢氧化铜、氯氧化铜、辛酸铜等） | 杀真菌剂，防止过量施用而引起铜的污染 |
| | 石硫合剂 | 杀真菌剂、杀虫剂、杀螨剂 |
| | 波尔多液 | 杀真菌剂，每年每公顷铜的最大使用量不能超过 6 kg |
| | 氢氧化钙（石灰水） | 杀真菌剂、杀虫剂 |
| | 硫磺 | 杀真菌剂、杀螨剂、驱避剂 |
| | 高锰酸钾 | 杀真菌剂、杀细菌剂；仅用于果树 |
| | 碳酸氢钾 | 杀真菌剂 |
| | 石蜡油 | 杀虫剂，杀螨剂 |

（续表）

| 类别 | 名称和组分 | 使用条件 |
|---|---|---|
| 矿物来源 | 轻矿物油 | 杀虫剂、杀真菌剂；仅用于果树和热带作物（例如香蕉） |
| | 氯化钙 | 用于治疗缺钙症 |
| | 硅藻土 | 杀虫剂 |
| | 黏土（如：斑脱土、珍珠岩、蛭石、沸石等） | 杀虫剂 |
| | 硅酸盐（硅酸钠，石英） | 驱避剂 |
| | 硫酸铁（3 价铁离子） | 杀软体动物剂 |
| 微生物来源 | 真菌及真菌提取物剂（如白僵菌、轮枝菌、木霉菌等） | 杀虫、杀菌、除草剂 |
| | 细菌及细菌提取物（如苏云金芽孢杆菌、枯草芽孢杆菌、蜡质芽孢杆菌、地衣芽孢杆菌、荧光假单胞杆菌等） | 杀虫、杀菌剂、除草剂 |
| | 病毒及病毒提取物（如核型多角体病毒、颗粒体病毒等） | 杀虫剂 |
| 其他 | 氢氧化钙 | 杀真菌剂 |
| | 二氧化碳 | 杀虫剂，用于贮存设施 |
| | 乙醇 | 杀菌剂 |
| | 海盐和盐水 | 杀菌剂，仅用于种子处理，尤其是稻谷种子。 |
| | 明矾 | 杀菌剂 |
| | 软皂（钾肥皂） | 杀虫剂 |
| | 乙烯 | 香蕉、猕猴桃、柿子催熟，菠萝调花，抑制马铃薯和洋葱萌发 |
| | 石英砂 | 杀真菌剂、杀螨剂、驱避剂 |

（续表）

| 类别 | 名称和组分 | 使用条件 |
|---|---|---|
| 其他 | 昆虫性外激素 | 仅用于诱捕器和散发皿内 |
| | 磷酸氢二铵 | 引诱剂，只限用于诱捕器中使用 |
| 诱捕器、屏障 | 物理措施（如色彩诱器、机械诱捕器） | |
| | 覆盖物（网） | |

表3　清洁剂和消毒剂

| 名称 | 使用条件 |
|---|---|
| 醋酸 | 设备清洁 |
| 醋 | 设备清洁 |
| 乙醇 | 消毒 |
| 异丙醇 | 消毒 |
| 过氧化氢 | 仅限食品级的过氧化氢、设备清洁剂 |
| 碳酸钠、碳酸氢钠 | 设备消毒 |
| 碳酸钾、碳酸氢钾 | 设备消毒 |
| 漂白剂 | 包括次氯酸钙、二氧化氯或次氯酸钠，可用于消毒和清洁食品接触面，直接接触植物产品的冲洗水中余氯含量应符合 GB 5749 的要求。 |
| 过乙酸 | 设备消毒 |
| 臭氧 | 设备消毒 |
| 氢氧化钾 | 设备消毒 |
| 氢氧化钠 | 设备消毒 |
| 柠檬酸 | 设备清洁 |
| 肥皂 | 仅限可生物降解的。允许用于设备清洁。 |
| 皂基杀藻剂/除雾剂 | 杀藻、消毒剂和杀菌剂，用于清洁灌溉系统，不含禁用物质。 |
| 高锰酸钾 | 设备消毒 |

# 主要参考文献

曹尚银，侯乐峰．2013．中国果树志·石榴卷 [M]．北京：中国林业出版社．

符彦君，刘伟，单吉星．2014．有机水果高效种植技术宝典 [M]．北京：化学工业出版社．

付小猛，毛加梅，刘红明，等．2016．国内外有机果园杂草管理技术研究综述 [J]．杂草学报，34（04）：7-11．

侯乐峰，郝兆祥．2013．中国石榴产业高层论坛论文集 [C]．北京：中国林业出版社．

刘兵林．2010．枣庄有机食品石榴栽培技术 [J]．中国园艺文摘，26（04）：177-178．

王爱伟．2006．山东峄城石榴有机生产模式探讨 [D]．北京：中国农业大学．

张立华，郝兆祥，董业成．2015．石榴的功能成分及开发利用 [J]．山东农业科学，47（10）：133-138．